進化する雑穀

ヒエ、アワ、キビ

新品種・機械化による
多収栽培と加工の新技術

星野次江・武田純一

農文協

①赤米 ②ヒエ ③アマランサス ④キビ ⑤黒米 ⑥緑米 ⑦モチ麦 ⑧ハトムギ ⑨アワ ⑩ソバ ⑪タカキビ
（写真提供　日本雑穀協会）

ヒエ アワ キビ

雑穀の豊かな世界

アワと木の実の造形

ミネラルの豊富さや抗酸化能の高さから注目を集めるヒエ、アワ、キビ。栽培の機械化も進み、新しい食材として生まれ変わりました！

右下：柳津あわ懐石（福島県柳津町会津やないづ温泉）、下：ざっこく俵御膳（岩手県花巻市石鳥谷「新亀家」）

①六穀リゾット②六穀俵③六穀シューマイ④六穀ハンバーグ（ヒエ、アワ、キビ、タカキビ、ハトムギ、黒米、赤米、オオムギ、トウモロコシから六穀を使用）

利用の　ヒエ、アワ、キビ栽培 (本文82ページ)

田植え

育苗し、水田でも畑でも田植機で田植えができる。条件を整備すれば欠株も少ない

育苗

仕上がり苗。目安は葉数3～4枚、草丈20cm、育苗期間20～25日

植える1週間前に、刈払い機で草丈を5～10cmに切り、追肥すると根もよく伸びる

ヒエ (本文41、43ページ)

ヒエの穂型は品種による変異が小さい

アワ (本文41、47ページ)

穂は円筒型からネコの手足のような形まであり、色も黄色から黒色までと多様

キビ (本文41、50ページ)

穂は3つのタイプに分けられる。写真は平穂タイプ

水田でも畑でも　小型機械

除草

右は小型管理機による中耕培土を兼ねた除草、左は固定タイン式の除草機、右下は培土板付きロータリカルチによる中耕除草

収穫

上は雑穀用バインダを改造した収穫機、左は自脱コンバインによる収穫、左下は普通コンバインに分草かんを取り付けた収穫機

脱穀・調製

上は小型の脱穀機、左はイネ用の籾摺り機と精米機を改良した脱穀・調製システム

ヒエ、アワ、キビの主要病害虫

（本文 86 ページ）

＊以外、岩手県農業研究センター平成 23 年度試験研究成書より

害虫

■アワノメイガ

岩手県では七月中旬より茎内を食害し、食害を受けた茎は枯死・折損となり、出穂後は白穂や登熟不良に

■モロコシクキイエバエ

アワに被害が大きく、本葉3～4枚の6月下旬頃に急増し、出穂期まで継続。心枯れ、出すくみ、弱小茎の被害

■ヒサゴトビハムシ

出芽初期から、苗の心枯れや枯死を引き起こす（右の被害植物は＊）

病気

■アワしらが病

登熟中期以降にささら状が顕著となり、不稔となる

■黒穂病＊

穂が膜に覆われ、不稔となる

■こぶ黒穂病＊

穂の内側が肥大して裂け、塊状に膨らむ

はじめに

東北生まれの私は、子どものころから「ヒエは、アワやキビにくらべて美味しくないが、救荒作物として大事であった」と聞かされていた。江戸時代の農書では「六穀」とあらわされ、稗《ひえ》を「ひゑに、水陸の二種あり。是尤もいやしき穀といへども、六穀の内にて下賤をやしなひ、上穀の不足を助け、飢饉を救ひ、又牛馬を飼、殊に水旱にもさのみ損毛せず。…」と紹介している（宮崎安貞『農業全書』巻之二、五穀之類）。奈良時代の歴史書『日本書紀』には「…ウケモノ神の死体の頭に牛馬、額に粟、眉に繭、目に稗、腹に稲、陰部に麦・大豆・小豆が生じ、アマテラスに献上され、…」とある。そうしたこともあって、大人たちは幼かった私に、雑穀について「美味しくないが、救荒作物として大事」と教えたのであろう。

子どものころこそ麦飯で育ったが、高度経済成長のおかげで、麦飯はあっという間に米の飯に変わった。世の中はバブルを謳歌し、私自身「消費は美徳」、「飽食三昧」に身をおいた世代である。気がつけば、国産農産物の自給率は四〇%を切り、「地産地消」が叫ばれて久しい。にもかかわらず食のファーストフード化が進み、輸入農産物なくしては日本食も作れない時代になった。「食育」が政策として掲げられ、「農業の六次産業化」が推進されてもいる。しかし、私たちには、輸入農産物への不信、健康への不安が襲いかかっている。昨今の「日本農業への回帰」、「雑穀への再評価」は、日本人としての基底に横たわる「何か」に関わってのことではなかろうか。

麦類の育種に関わってきた私は、縁あって二〇〇三年から岩手大学農学部、それも滝沢農場教員という、現場に近いところで教育研究の機会に恵まれた。ヒエには、コムギと同じようにモチ（糯）がないことを知っていた私は、定年までわずか八年という限られた期間ではあったが、何ができるかを自問自答するまでもなく、「雑穀、それもヒエ、そして、モチのヒエ品種の育種をとおして地域の活性化に役立てれば」との想いで、雑穀の研究に取り組んだ。

本書の共同執筆者である武田は、農業機械の教育・研究を行なうなかで、「地域に役立つ大学農学部」として「地域への貢献」に取り組んでいる。武田が雑穀と関わり始めたのは、ある農家から提案のあった「タカキビの機械収穫」であった。その後、市販の雑穀用バインダーの改良や畑圃場での田植機によるヒエの移植試験などを手がけている。また、長年にわたり農学部学生の教育に携わりながら、「大学では農学教育はできても農業教育は難しい」ことを痛感していた。

品種育成には欠かせない在来品種を収集しながら、雑穀にまつわる話を聞くために岩手県北部の農家を訪ねて歩いた。大事に紡いできた種子を快く分けてくださった。何度か通い詰めるうちに、農家の人たちはいつしか、雑穀の辛い思い出を明るく語ってくれるようになっていった。ある日、そんな農家の人たちからではなかったが、「大学の先生は調査をされる。帰ればお礼の手紙もなければ、報告書も送ってこない」と、皮肉まじりの言葉をもらった。そのとき私は、学生時代に読んだ、大牟羅良著『ものいわぬ農民』（岩波書店　一九五八年）のことを思い出した。本棚の奥に眠っていたその本を探した。そこには、「アンケートや統計にどれほど真実があるものでしょうか」、「改まって言うと、腹にないことを言う」という一文に、赤鉛筆でしっかりと線が引かれていた。村に住む民でない方から村に住む民でないわれわれに発せられた言葉ではあったが、少しでも基層にせまる調査や成果を、お世話になった村の人たちに還元する努力だけはしようと心に決めた。

村に入って、「麦飯どころかヒエも見たこともない学生」に、農家と「腹にあること」を言い合う関係を築きながら、「活きた農業教育を」ができないかという夢が膨らんでいった。知人の紹介で、粘るヒエ「もじゃっぺ」や「安家地大根」などの在来種を大事にされている岩泉の小野寺長十郎さんに出会うことができた。また、㈱岩泉産業開発の茂木和人氏のスローフード活動の一つである「雑穀栽培体験」を知った。

雑穀に関する本は、農民の食事や生活に関する民俗学的視点からの社会史、雑穀と人間との間に存在する多様な相互関係を明らかにした民族植物学の専門書、農業技術書、料理本まで多岐にわたる。雑穀をテーマにしたあるシンポジウムで、「ファーストフードはジャンクフード、改良品種はブッシュクロップ」と講演された医科大学の先生の言葉が耳から離れない。現代のお手軽な加工食品に対して、雑穀をその対極にある伝統作物との位置づけからの発言だったのであろうが、雑穀を生産する農家の姿を目の当たりにしてきた私には違和感がぬぐえなかった。確かに、農から離れた消費者は、在来品種による農具での生産管理、もちろん化学資材を使用しない宝石のような雑穀を期待するのも無理からぬことであろう。しかし、高齢化が進んでいるなかで農家が守り続けた地域資源ではあるが、農家の人びとにとっては雑穀生産が生業《なりわい》である現実も消費者には理解してほしい。現地調査や農家との交流を続けていくうちに、著者（私）は「守るだけでは伝えられない」との想いがつのっていった。

雑穀を守るためには、雑穀自身も変わらなければならない。それが雑穀を守ることの近道であると、私は確信している。本書では、雑穀が担ってきた「魂としての雑穀」に敬意を払いながらも、在来品種の欠点の改良に取り組み、農具による雑穀作りから機械化栽培による軽労化に挑戦し、伝統食利用から洋菓子利用、スローフードのファーストフード化まで、「忘れたい作物から作りたい作物」へ、「見るのも嫌なヒエメシから、毎日食べたい雑穀ご飯」への進化形を提示したい。

二〇一三年二月十四日

著者を代表して　星野次汪

目次

第2章 ルーツと魅力 起源および生理生態と、栄養・品質特性

第3章 栽培の実際

第4章　雑穀の未来へ

第1章

ヒエ・アワ・キビ

過去―現在―未来

1 これまで　そして　これから

1 「雑穀」とはなにか

■「主穀」に対する「雑穀」ではなかった

われわれは、「主穀」を「雑穀」の反対語として用いていることが多い。しかし、不思議なことに「主穀」という用語は広辞苑や農学大事典に見あたらない。どうやら、現代に生きる私たちのイメージとは違って、「主穀」という用語は、一般的には使われてはいなかったようなのである。むしろ、その土地にとって大事な穀物が豊かに実ることを「五穀豊穣」といい、そこから「五穀」という言葉が生まれ、時代とともに多様化しながらよく使われてきたという（徳永　二〇〇三）。では「五穀」とはなにか？

「五穀」を構成している作物は地方で異なり、農民の立場で位置づければ、表1―1のように、その土地土地で安定して収穫が見込めて、一定期間貯蔵ができる食料が五穀とされたと考えるのが当然である。

米中心の納税制度などが確立する以前には、食べられるものはなんでも「五穀」であった。それらの穀物は、多肥・多収栽培を前提とした近代作物や品

表1－1　五穀とはどのような作物か

出典	五穀を構成している作物
古事記	稲，粟，小豆，麦，大豆
日本書紀	粟，稗，稲，麦，大豆小豆
本朝食鑑	稲，大麦，小麦，大豆，小豆 麦，黍，米，粟，大豆
軽邑耕作鈔[1]	稗，豆，粟，黍，大根
清良記	米，大麦，小麦，大豆，小豆 黍，稗，麦，粟，豆
番匠巻物上棟式[2]	大豆，麦，米，粟，稗
番匠巻物屋根葺[2]	稗，籾，麦，大豆，胡麻
石垣市[3]	稲，粟，麦，もろこし，さつま芋
竹富島[3]	粟，麦，黍，さつま芋，もろこし もろこし，さつま芋，クマミ，ゴマ

出典：増田昭子『雑穀の社会史』（2001）より作表
1) 岩手県，2) 福島県，3) 沖縄県

種と異なり、資材多投入を前提としていない在来作物・在来系統であるため、人間の生活にリスクを負わせない、安定した収量をもたらしてくれる作物を「五穀」と考えたのである（増田　二〇〇一）。

それでは、「雑穀」という言葉はどうであったのであろうか。日本やアジアの農業史に詳しい木村茂光（二〇〇三）によれば、「雑穀」という語句は『日本書紀』の段階では使用されていないが、奈良時代初期には用いられていたという。当時、大多数を占める農民にとって、雑穀はイネよりも安定的に収穫が見込める命の糧であった。「五穀」のうち、粟《アワ》・稗《ヒエ》・黍《キビ》・蕎麦《ソバ》・大小麦などが「雑穀」と考えられ、徳永や増田によれば、粟や黍、稗などの総称、あるいはまとめて表現するときの言葉として用いられたという。

■「雑穀」とはどんな作物なのか

一方、農学者の澤村東平（一九五一）は、モロコシ（コウリャン）・アワ・キビ・ヒエ・トウジンビエ・シコクビエなどの小粒禾穀《かこく》類に、トウモロコシ・ハトムギなどの大粒禾穀類、さらにソバを加えている（農學体系作物部門　雑穀編）。広辞苑によれば、雑穀は「米、麦以外の穀類、豆・蕎麦・胡麻などの特称」と記述されており、日本の雑穀は、モロコシ、アワ、キビ、ヒエ、シコクビエ、ハトムギのイネ科作物に、擬《ぎ》禾穀類（禾穀類には分類されないが、穀類に似た子実をつける作物）のソバを加えたもののほか、ソバ、ゴマ、アマランサスなども雑穀として扱うことが多い。

早川孝太郎（一九三九）は「穀類の中で粗放な方法で尚収穫の可能性がある作物は、おそらく稗を措いて無い。…常の食料として他に比類がない。…之を所謂救荒植物と一緒にして、凶作の食料とし、亦特に卑しい作物だなどと謂ったのは…所謂農学者とか司政の衝に在って、直接生産に携わらぬ人たちであった」と述べていることからもわかるように、「雑穀」という語句には「自らは、米を食べられない階層とは違う」という意味を込めて、支配階級が用いた用語なのであろう。重要な穀物を一括りとして雑穀と呼ぶとは考えにくく、稗はヒエであり、粟はアワであったと考えたほうが自然ではないだろうか。

民族植物学者の阪本寧男（一九八八、一九九一）は、雑穀の文化、麦の文化という視点から雑穀と麦の固有の呼称と総称に注目し、次のような説を提唱した。

日本の代表的な雑穀であるアワ、キビ、ヒエには固有の日本語の呼称が付けられているが、それらの作物を総称する「麦」のような言葉が見つからないので、仕方なく「雑穀」と呼んでいる。一方、英語には、そうした雑穀に対して「millet（ミレット）」という総称が存在するが、それぞれの穀物固有の呼称は見あたらない。これと対照的なのが麦類である。英語には、コムギにはwheat、オオムギにはbarley、ライムギにはryeという固有の呼称があるのに対して、日本ではコムギ、オオムギ、ライムギを「麦類」と総称し、「麦」に「小」、「大」、「ライ」をつけた複合語として言い表わしているだけで、その作物固有の呼称は存在しない（表1—2）。

このことは、何を物語っているのだろうか。

阪本は、東アジアでは雑穀類が麦類よりもその栽培の歴史が古く、逆にヨーロッパでは麦類が雑穀類よりも歴史が古く、重要なものであったことを指摘した。つまり、固有の作物名が付けられていることは、その作物が人びとにとって大事な作物であったことを意味していると言うのである。

表1－2　言葉にみる穀物の差異

日本語		英語	
複合語	総称	固有の呼称	総称
小＋麦 大＋麦 ライ＋ムギ	麦	wheat barely rye	なし
固有の呼称	総称	複合語	総称
ヒエ アワ キビ	なし	barnyard ＋ millet foxtail ＋ millet common ＋ millet	Millet

（阪本寧男　1988より作表）

2　雑穀が果たしてきた役割

■ 雑穀には地域の個性が込められた

江戸時代に書かれた『農業全書』巻之二、五穀之類に、五穀（稲、麦、豆、粟、きび）にヒエを加えて六穀として、「ひえには田びえと畑ひえとの二種類がある。この作物は最も下等な穀物であるが、六穀の中で、貧民を養い、稲など尊ばれる穀物の不足を補い、饑餓を救い、…」とあり、著者である宮崎安貞はヒエの重要性を強く認識していることがうかがえる。

「雑穀」とイメージされている作物のうち、ヒエやアワ、キビ、モロコシ（コーリャン）なども、イネやコムギと同じイネ科穀類に属している。阪本（前出）は、イネ科穀類は収量が多く、デンプンや脂肪、タンパク質、無機塩類、ビタミン類を含み、長期間保存ができることから、食料として優れている。そのため、イネ科穀類の生産は、文明を育む原動力となったと考えられると記している。現在の主要穀類であるイネ、コムギ、トウモロコシなど「主穀」と呼ばれる作物は、より多収と安定した生産、さらには美味しさを求めた人類の数千年にわたる選抜によって進化し、ここ一〇〇年の科学技術の進歩によって飛躍的に改良されてきた作物である。

一方、雑穀は、今も昔もそれぞれの地域に適した作物が選択され、調理され、主食や副食、菓子、アルコール原料、飼料、燃料などに利用されている。中尾佐助著『料理の起源』（一九九二）に雑穀料理が詳しく紹介されている。大陸起源のモロコシは世界中で広く栽培され、粒食や粉食にして食べられている。小林裕三（二〇一一）によると、今もエチオピアでは、吹けば飛んでしまうほど穀実が小さくて軽いテフ（イネ科の雑穀）を原料とする料理インジェラが、理想の食事の一つであるとされているという。インジェラとは、テフの小さな穀粒を粉にして練り、発酵させてクレープ状に焼き上げたものに、辛く味付けされた肉や、野菜と豆のシチューにつけて食べる料理で、さわやかな酸味とその栄養価がすばらしいとされている（28ページ参照）。また、阪本（前出）によると、エチオピアではオヒシバに似たシコクビエからビールを造り、スーダンではモロコシから地酒を造るという。

わが国での雑穀利用

現在の日本では、雑穀はほとんど見ることができなくなった。しかし、戦前までの日本では、雑穀が畑作や輪作体系のなかで重要な役割を果たし、食料、油料、アルコール、行事食などとして暮らしを支える基本的な穀類として重要な役割を果たしてきた。その理由は、不良な環境でも、イネや麦類などの主要穀類よりも安定した収穫が得られること、種子が長期間の保存が可能であること、多様な利用ができること、地酒造りの原料となることなどをあげることができる。

岩手県岩泉地方の雑穀が使われる行事食の例をあげてみよう。一月二日と四日にコメ、ムギ、ヒエの三穀メシ、一月七日には七草粥にヒエとキビ、蕪を入れる。十二月十二日には山の神様に供えるために、ヒエあるいはコメの粉を練ったシトギ（スットギ：写真1―1）を笹の葉に包んでいろりの灰に入れて焼くなどがある（田中　二〇〇七）。

写真1－1　ヒエシトギ
岩手県岩泉地方の行事食

各地の雑穀利用の記録を見てみることにしよう。

人びとにとって、雑穀はコメと違って日常の大切な穀物であった。日常的な穀物である雑穀、特にアワは各地で神饌《しんせん》であった。

増田昭子は神事とアワとの関係を詳しく報告している（二〇〇一、二〇〇七）。増田によれば、沖縄県伊良部島ではアワの神酒、黒島ではアワから造る酒（アーモル、アワモリ、アワザケ）は神祀には欠かせない。石垣市宮良の穂利祭は三日間行なわれ、一日目は新穀のアワやコメを芭蕉やサミンの葉で包んで蒸したものを作って神に捧げ、親戚や知人に贈るという。また、石垣市の四カ字の豊年祭は、神さまが農家にアワやヒエや麦の穂を授ける祭りで、神さまから授かった五穀の種子を播き、稔ったお礼をする日だという。そのほかにも、静岡県磐田市府八幡宮の例大祭の特殊神饌にアワの穂を献上する祭りや、神社の門前での名物菓子に使われるアワやキビの例を紹介している。

経済白書に「戦後は終わった」と謳われたのが一九五六（昭和三十一）年のことである。しかし、その五年後の一九六一年においても、雑穀は全国各地で広く栽培されていた。表1―3はそのことを教えてくれている。

表１－３　1961年におけるヒエ，アワ，キビの主な生産都道府県 (ha)

ヒエ		アワ		キビ	
岩手県	10600	鹿児島県	3950	北海道	3270
青森県	4900	熊本県	3630	熊本県	940
北海道	5530	岩手県	850	広島県	380
岐阜県	220	長崎県	730	岡山県	340
栃木県	200	宮崎県	570	徳島県	280
群馬県	180	宮崎県	570	愛媛県	230
長野県	150	青森県	450	岩手県	200
新潟県	58	長野県	370	長野県	190
宮崎県	52	福島県	360	岐阜県	180
高知県	24	北海道	300	群馬県	140
その他	45	その他	45	その他	46
栽培面積 (ha)	22200	栽培面積	1490	栽培面積	8190

(町田暢著『作物大系』第３編雑穀類 (1963) より作表)

3　雑穀の可能性を現代にみる

■現代社会における雑穀の多様な立ち位置

雑穀はコメやムギと異なり主要食料ではないため、最近まで雑穀に陽が当たることが少なかった。雑穀が再び注目されるようになったのは、「食への安全・安心」を求めるニーズの高まりがきっかけである。最近では、多くの雑穀にはイネよりも無機成分が多く含まれていること（科学技術庁資源調査会二〇〇三）や、ヒエ子実には抗酸化性成分が含有されていること（Watanabe 1999）などから、健康食素材として評価され（増田　二〇〇七）、生産振興や調理の工夫・紹介、商品開発などによる消費ニーズ拡大への対応がなされている（柏　二〇〇六、柴田　二〇一三、ゆみこ　二〇一〇）。

平成の世に変わったころから、マスコミも「雑穀ブーム到来！」とばかりに取り上げるようになり、今も雑穀ブームが続いている。現在、雑穀は、儀礼・祭事を絶やさないため、種子を守るため、地域社会を守るため、食教育や農業教育のため、ビジネスのためなど、雑穀が内在している多様な価値が再び問われる時代となった。雑穀は、世界規模での主穀の大量生産、大量消費とは対極にある。その意味からは、地域に根ざした高付加価値作物とも言えるのである。ここでは、現代において、いや、現代だからこそ期待される雑穀の多様な価値について考えていくことにしよう。

■農耕儀礼・祭事のための雑穀

雑穀と伝統祭事との密接な関係については、前節で紹介した。そのほかにも、岐阜県郡上八幡の七戸の集落（戎佛《かいぶつ》）での戎佛薬師の粟倉様（粟倉まつり）はよく知られているが、住民の高齢化や戎佛薬師堂の傷みもあって、「村おさめ・集落おさめ」の祭事の継承がむずかしくなっている（庄村敏二〇〇八）。

全国的に知られる伝統芸能は行政的支援も受けやすく、マスコミで取り上げられることも多い。しかし、戎佛薬師の粟倉様のように、小さな集落で、村人とともにあった神事などの継承がむずかしくなってきているのも現実である。その結果として、その地域固有の雑穀および品種と結びついて、地域社会に根付いていた伝統的な知恵の体系も失われることになる。

雑穀の研究に携わるものとして忸怩たる思いである。

■本当の「食農教育」のための雑穀

一九九八年に、岩手県立盛岡農業高等学校では、食品科学科の二年生と三年生対象に二部門の課題研究の一つとして、パン研究班を立ち上げた。パン研究班では、選択するテーマは専攻した生徒が話し合いで決め、すべての話し合いや実験の結果などを記録し、後輩にバトンを渡していく。二〇一二年の三年生は一六代（米粉入りバーガー）、二年生は一七代にあたる。パンに関するアンケート調査を行ない、消費ニーズを把握し、地元パン企業にレシピを提供し、共同開発する。販売会で評価の高い試作品は、大手コンビニでの販売にまでこぎつける製品もある（製品名　おらほの米粉バーガー）。

雑穀パンは、第一〇代（岩手の伝統食材「雑穀」～昔ながらの味を現代の姿に、そして未来へ～）、一三代（雑穀からの発展～クレームから切り拓く未来への味～）、一四代（地域へ広がる雑穀の輪～生産者の思いをのせたパンを目指して～）が、課題として取り組まれた。

一三代と一四代は、試食で寄せられた生地のボソボソ感、黒糖の甘さや焼き色がよくない、雑穀割合の不足などのクレームの克服を掲げた。試作・試食を重ねて高い安定した評価が得られたので、企業での大量生産に踏み切った。しかし、プツプツ感がない、美味しくない、パンに雑穀が均一に混ざっていない、自然な甘さがないものになったなどのクレームが再度寄せられた。この課題を解決するために、雑穀を糖化させることによって、自然な甘さと均一に混ぜることに成功し、クレーム克服に成功した。

現在の二年生一七代も、雑穀パンに取り組むことを決めた。

これまで、岩手県内の雑穀とコムギ（品種「ゆきちから」）や具材を使って、雑穀入り菓子パン、フランスパン、キビ食パン、コッペパンなど多種類のパンを作り、第一二代が、第二一回日本学校農業クラブ全国大会プロジェクト発表会（食料・生産）で最優秀賞の農林水産大臣賞に輝いた（写真1—2）。アンケート調査から試作を繰り返し、「失敗のなぜ」から「成功の感動」を味わい、販売会で直に消費者の声を聴き、五感で学び、社会に巣立っていく。これらの活動が地元新聞やテレビで報道され、「盛農高のパン研究班に入りたい」との想いから、盛農高に進学する生徒も多いという。なかにはパン屋を開業する卒業生もいる。地元と一体となった、雑穀生産から製造加工、販売までの六次産業化のプロトタイプを学ぶ活動となっている。

写真1−2　岩手県盛岡農業高校のパン研究班メンバー

最近は「食育」が提唱されているが、さらに一歩進めて「食農教育」までを視野に入れて、食の「美味い、安い、早い」的な考えから、食から生き方まで包含したスローライフが提唱されている。雑穀は、自分で種子を播き、草を取り、収穫し、料理し、先人の知恵を学び、種子を想い半年の作業に話の花を咲かせながら食事する「種子から胃袋まで」の実践に最適な作物である。

■経営としての雑穀生産の位置づけ

かつて日本各地の山間地で行なわれた焼き畑は、今ではほとんど行なわれてはいない。また、ヒエ、ムギ、ダイズのような二年三作の伝統的作付け体系も見ることができない。そこまで手間ひまかけて栽培に取り組むメリットが見つからないのが真実である。

その理由はいろいろとあげることができる。雑穀生産にはほとんど農薬が使えない、雑草害や病虫害の発生が多い、収穫後の作業などは手間がかかり、大規模に栽培することはむずかしく、収益性が低い。そのため、今も雑穀を生産する農家生産者の多くは高齢者で、生産コストを度外視した生産が行なわれているのが実情で、いわゆる「生業《なりわい》」としての雑穀生産である。しかし、視点を変えれば、雑穀を担っている人たちは栽培面積が小さく、高齢者が多いのだから、雑穀をクリーニングクロップとして栽培し、作期の短い葉物野菜などと組み合わせて収益をあげることは可能であろう。

また、収益性の面から栽培農家一人一人の取組みを調べていくと、新たな可能性も見えてくる。一年一作として農具や小型農業機械を用いていてていねいな管理をすることで、二五〇kg／一〇aを上げている農家もおられるからである。堆肥を投入し、除草を徹底し、培土によって倒伏を防ぐならば三〇〇kg／一〇aどりも可能である。

ヒエ、アワ、キビの販売ルートは、生産者が直接集荷業者に販売するケースや、農協や生産者組合が集荷業者や卸売り業者に販売するケース、あるいは農協や生産者組合が加工販売まで行なうケースなど多様で、価格設定も複雑である。

籾での取引が一般的で、アワやキビが籾一kg当たり三〇〇円から四〇〇円、ヒエは二五〇円から三〇〇円程度である。精白されて販売されるときには一kg当たり二〇〇〇～二〇〇〇円となる。しかし歩留まりは低く、籾から精白されると、ヒエでは約半分、アワ・キビでは六〇～七〇％になる。ヒエを例にとると、ヒエ籾一kg二〇〇円を卸売業者が購入しても、精白換算では一kg六〇〇円で購入したことになる。精白代などにかかる経費を加えるとさらに高くなる計算である。

中山間の傾斜畑で、高齢農家が栽培を続けるには限界があるのも事実である。そのため、雑穀の生産量をさらに増やすには、平場の水田での転作作物として栽培面積を増やすことはできないだろうか。

二〇〇九年に加工用米の生産助成金が八万円／一〇aとなったことから、「雑穀を水田で栽培して一〇a当たり八万円が上げられるなら、資材費がかからないだけ、加工米よりも魅力」と話す農家も現われてきている。また、畑作でも八万円を上げられる作物は見あたらないことから、雑穀の単収が二五〇kg／一〇aとして、その農家販売価格が三二〇円／kg以上であれば、助成金なしでも雑穀生産は成立する。ただし、雑穀の多面的価値を考慮に入れて、生産者に元気が出るように、消費者サイドからの価格面での支援ができないものだろうか。

消費者の望む雑穀に応えるためには、高齢者の雑穀への想いや、経験を活かした取組みが活路を拓く。前述した手間をかけても多収を実現している農家の取組みは、地域に伝え継けられた在来品種と技術による地域に根ざした特産作物と捉えることができる。

4 モノとして売るための雑穀

雑穀へのこだわりの強い消費者は、産地、生産者、栽培・管理・流通履歴が明確であれば、少々値段が高くても、「無農薬・無化学肥料で栽培された雑穀」の入手を強く望んでいる。雑穀を商品として売る以上、ビジネスとしての戦略が必要になる。要は、消費者のニーズに迅速かつ的確に応えることである。売れなければ作り手はいなくなる、作り手がいなくなれば、「先祖の命を育んできた雑穀」と叫んでみても雑穀は途絶えてしまう。雑穀へのこだわりを抑えて、モノとしての雑穀を、安全だけでなく安心まで届けられるような気配りが大事である。

現在の雑穀栽培は、堆肥を使用し、無農薬栽培で作っている農家がほとんどである。地域としての信頼・安心を獲得するためには、品種名の表示や栽培基準の統一、栽培履歴の明示や産地証明を消費者に届けなければならない。

利用形態についても工夫してはどうだろうか。精白しないで玄穀（米でいう玄米）を粒のままや粉にして利用することで、多くの無機成分を摂取することができる（54ページ参照）。消費者が雑穀に求めている健康機能性を活かすためにも、精白した雑穀の利用だけでなく玄穀利用の開発に取り組むことも重要である。また、ブームに左右されない雑穀にするために、調理マニュアルの提供や利用しやすい個包装の低廉化が課題である。これらが解決されれば、一般家庭で手軽に日常的に食べられる雑穀になり、雑穀の消費拡大につながっていく。

② 日本と世界　雑穀の今

1 世界の雑穀生産と利用

① 世界の雑穀生産

主な雑穀には、ユーラシアを主要起源地とするアワ、キビ、ヒエ、インドビエ、ハトムギと、アフリカを主要起源地とするモロコシ（写真1―3）、シコクビエ（写真1―4）、トウジンビエ（写真1―5）などがある（阪本　一九八八）。なかには、特定の地域だけで栽培されている雑穀も少なくない。

ＦＡＯ統計資料の「雑穀」を見ると、雑穀を構成している作目が明らかではない。その括りの中には、日本で雑穀の範疇に入っているソバ、モロコシは入っているものの、日本では全く馴染みのない西アフリカのフォニオ（メヒシバ属）や南米のキノアが統計資料として掲載されている。このことから考えると、ＦＡＯ統計資料の雑穀は、比較的世界中で生産されているアフリカのトウジンビエ、シコクビエ、インドのインドビエ、アジアやアメリカのアワやキビ、日本のヒエ、メキシコのアマランサス（写真1―6）などから構成されていると思われる。

二〇一〇年の世界の雑穀生産高は、アフリカが全体の四八・三％、アジアが四九・六％で、両地域で世界のほとんどが生産されている。アメリカ合衆国で

写真1−3　モロコシ（写真提供　倉内伸幸氏）

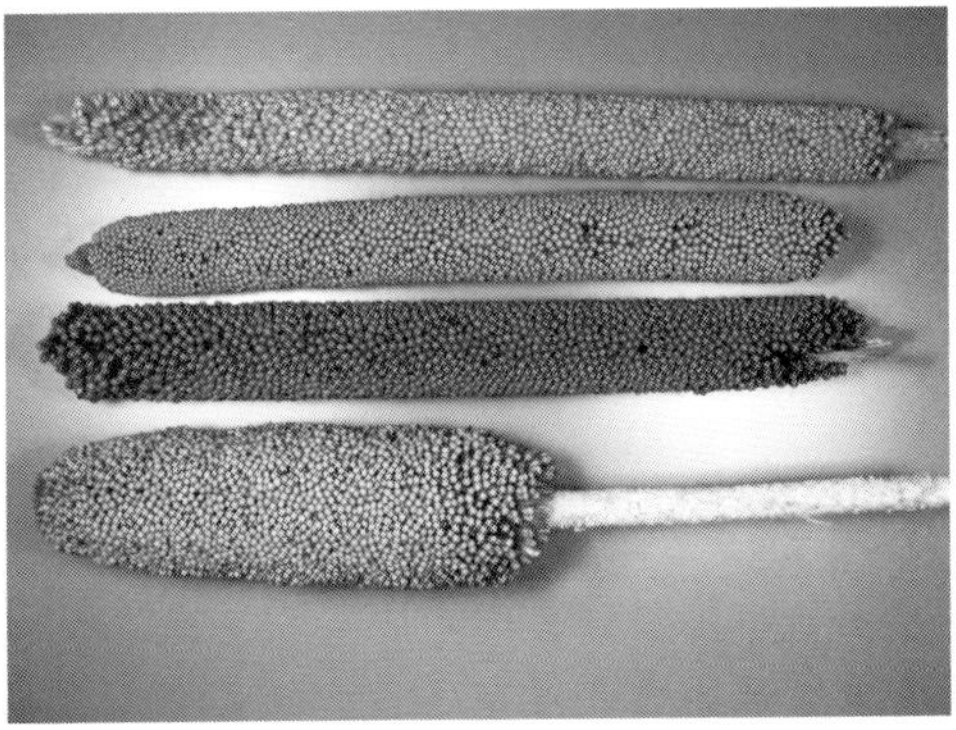

写真1−5　トウジンビエ（写真提供　倉内伸幸氏）

写真1−6　アマランサス（写真提供　大潟直樹氏）

写真1−4　シコクビエ

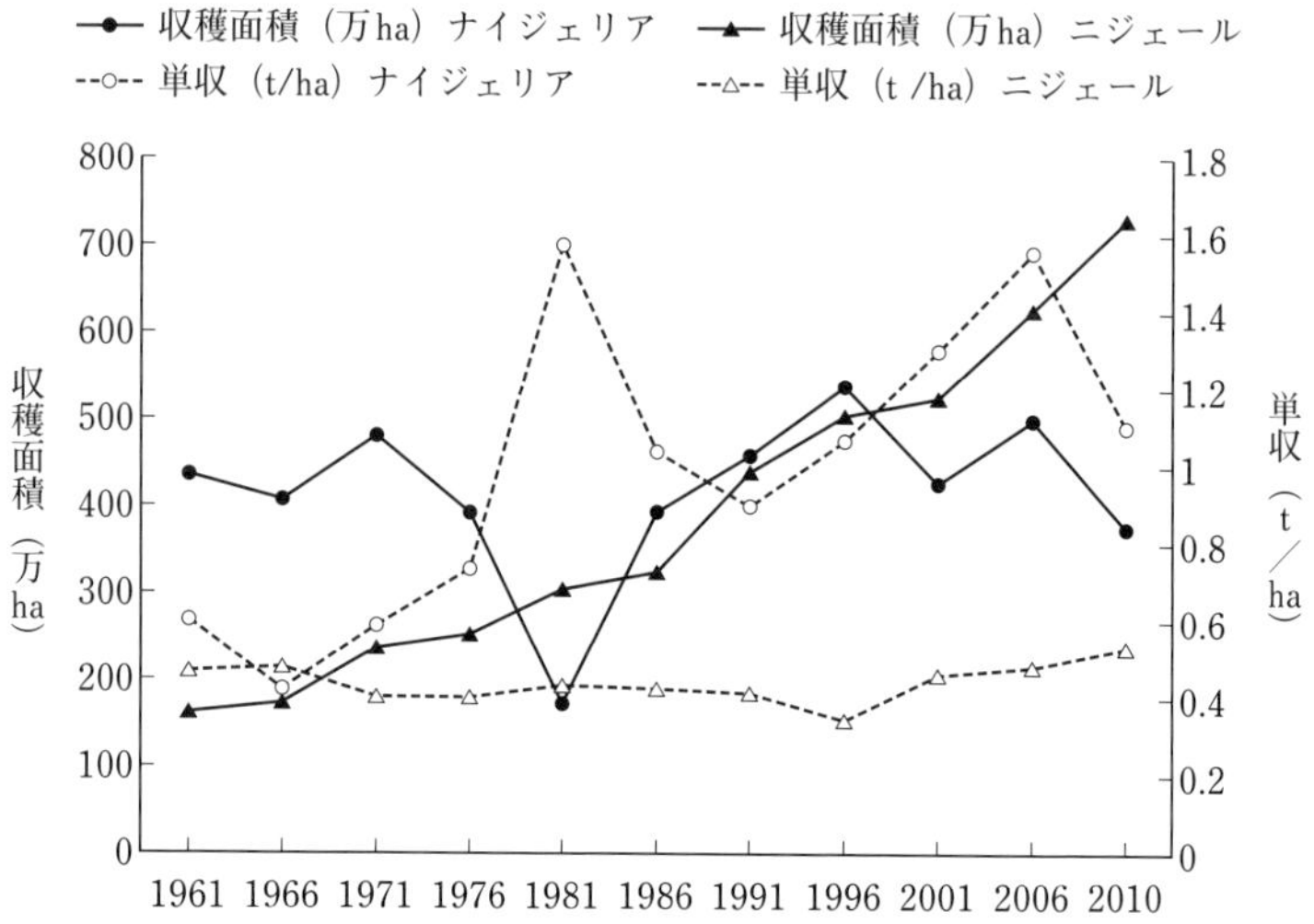

図1－1　ナイジェリアおよびニジェールの収穫面積と単収の推移

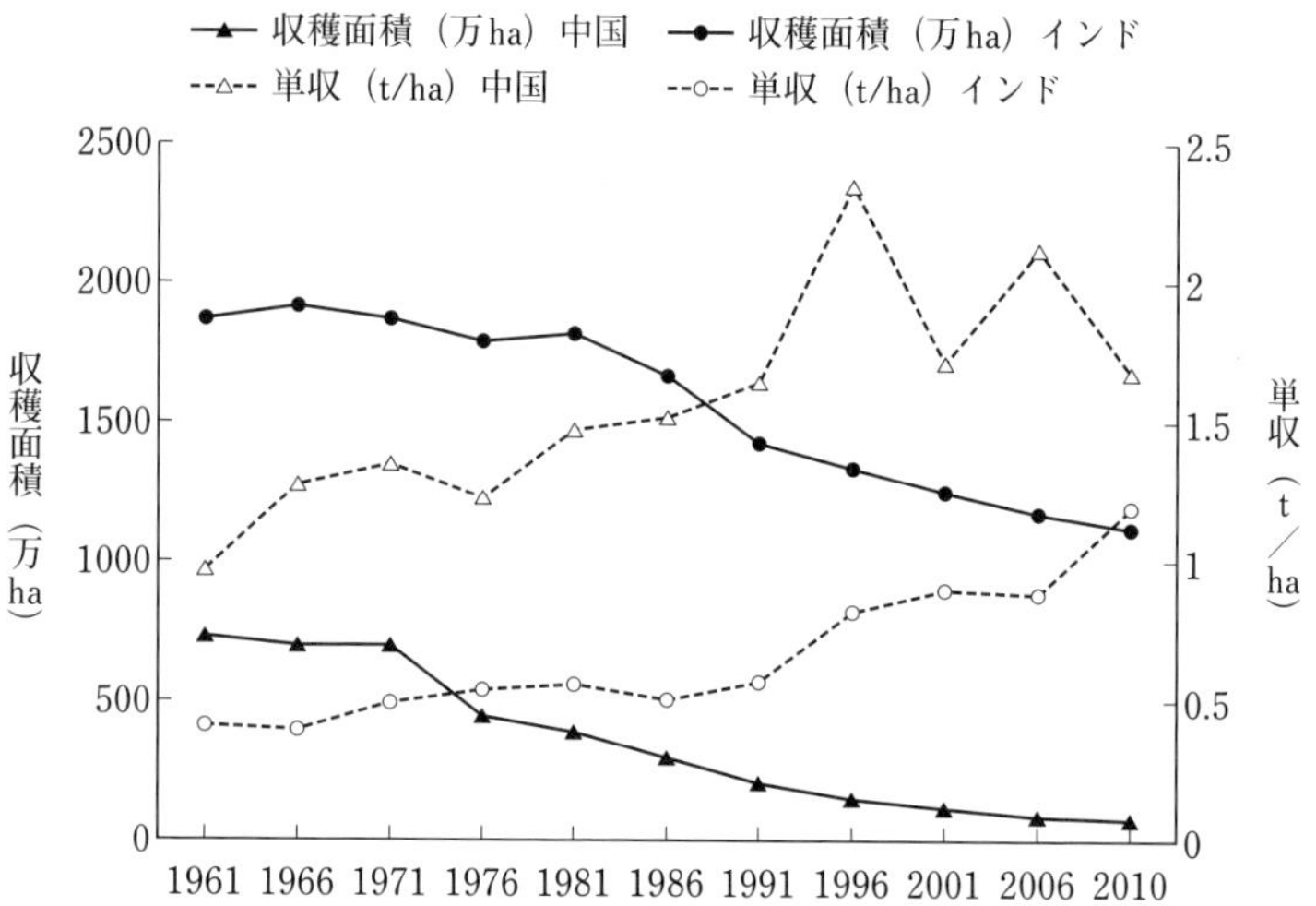

図1－2　インドおよび中国の収穫面積と単収の推移

は一四・六万ha、一二六万ｔが生産されている。南米では、キノア、アマランサス、その他の雑穀が栽培されている。

アフリカでの雑穀生産

アフリカの上位五カ国はナイジェリア（四一二万ｔ）、ニジェール（三八四万ｔ）、マリ（一三七万ｔ）、ブルキナファソ（一一五万ｔ）、ウガンダ（八五万ｔ）である。

ナイジェリアでは収穫面積には変動があるが、単収は一九六一年以降のここ五〇年間で約二倍に増加した。しかし、最近の一〇年の生産高は減少傾向にある。

ニジェールでは収穫面積が五〇年間で四倍以上に増加しているが、単収は〇・五ｔ／ha前後で停滞しており、生産高の大きな増加は収穫面積の増加による（図1―1）。

ニジェールでは、ミレットとはトウジンビエを指し、穀類に占める収穫面積は七一・二％、生産量では八二・二％である（倉内ら　二〇〇四）。トウジンビエの穂は成熟すると光沢のある白っぽい粒が現われ、その美しさから英語ではパールミレットと呼ばれている（三浦　二〇〇一）。西アフリカの代表的な雑穀であるフォニオは、二〇一〇年ではギニア、ナイジェリアほか六カ国で六〇万ha、五二・九万ｔ生産されている。

アジアでの雑穀生産

アジアの上位五カ国はインド（一三二九万ｔ）、中国（一二六万ｔ）、パキスタン（三五万ｔ）、ネパール（三〇万ｔ）、ミャンマー（一九万ｔ）である。雑穀の単収は着実に増加しているが、アジア全体でみると一ｔ／haに達していない（図1―2）。ミャンマーでは、乾燥地帯の基幹作物がモロコシとトウジンビエである（江柄　二〇〇四）。

中国では一九六一年からの五〇年の間に、収穫面積が約一〇分の一（二〇一〇年）にまで減少した。しかし、単収は向上しており、生産高は五分の一程度の減少にとどまっている。インドの雑穀収穫面積はここ五〇年間で四割減少した。しかし、単収が二・八倍に増加したことから、生産高は一・七倍に増加している。

インドでは、インドビエのほかに、サマイ、コド、コラリ、ライシャが起源し、現在でも固有の穀物として栽培されている（井上・倉内　二〇一〇）が、詳細はわかっていない。ミャンマーでは、ご飯にマサイを五％ほど混ぜたり、市場では糖尿病に対する効果が高いとして販売され、地区によっては醸造用に使われている（江柄　二〇〇四）。

■中南米での雑穀生産

中南米では、キノア（アカザ科）が多く栽培されている。二〇一〇年に中南米で生産されたキノアは、ボリビアで六・三万ha、ペルーで三・五万ha、エクアドルで九・九万haの収穫面積があり、全体で七・八万tの生産がある。そのほかの雑穀の収穫面積と生産高は、アルゼンチンが六六七五haで、九一一五t、メキシコ（ほとんどがアマランサス）が一九〇〇ha、一八〇〇tである。

世界三大穀物であるコムギ、イネ、トウモロコシと比べて、雑穀の単収は三分の一、収穫面積が一〇分の一、収穫量は三〇分の一である。確かに、数字だけみると雑穀は、消え去る作物のような印象をうけるが、三大穀物とちがって、雑穀は化学資材低投入型作物である。そして、さまざまな食料や嗜好品としてだけでなく、飼料、燃料、屋根葺き、寝具マットなど生活に密接に関わる資材に広く利用されていることから、今後も地域資源として栽培され続けられるであろう。

②世界の雑穀料理

雑穀の利用形態は、粉食と粒食に大別できる。粒食の代表は粒粥で、日本のお粥のように粒のまま煮立てて作る。中国ではアワ、キビ、モロコシを粒粥として食べることが多い。インドではモロコシ、トウジンビエ、シコクビエ、キビなどで粉粥にされる。

粉食としては、アフリカではトウジンビエやモロコシ（コウリャン）を杵で粗く製粉し、粉を熱湯で練って餅や粥（ウジ）、団子（ウガリ）にする。

ニジェールではトウジンビエが主食や副食として利用され、ウガリと同じように粉を水にといて火にかけて沸騰させ、さらに粉を加えて木の杓子で練り上げ、洗面器状の容器に入れて冷まして固める。一口大にちぎって、オクラや野生のモロヘイヤなどの粘りのある葉から作る汁につけて食べる。副食としては、トウジンビエの粒を牛乳やヨーグルトに入れた飲み物や粥が一般的である。茎葉は、屋根葺きや垣根の材料、燃料、家畜の飼料として重要である（倉内　二〇〇四）。

エチオピアでは、テフと呼ばれる雑穀を使ったクレープのようなインジェラが理想の食事とされている。タンザニアでは、団子状のものはシコクビエの粉を水やミルク（ヤギ・ウシ）に入れて熱して固めに作り、指先で摘んで、野菜、魚、肉などと食べる。また、ウジは、シコクビエ以外にもソルガム、トウジンビエで作ることもある（加藤　二〇〇二）。

アフリカの雑穀料理に詳しい小林裕三氏に、その料理（エチオピアのインジェラ、マリのトゥ、ベナンのパット、ブルキナファソの発酵酒チャパロ）の写真とともに、現地での食べ方をご提供いただいた（28ページカコミ参照）。

中国では、チマキ（雑穀の粉を水で練って、木の葉で包み、蒸す）も多い（中尾　一九九三）。

東アフリカやインド、ネパールでは、シコクビエの醸造酒が日常的に飲まれている。アメリカでは、中南米原産のキノアやエチオピア原産のテフが健康食品として脚光を浴びるなど、世界各地の雑穀の今後の発展が期待される。

このようにアジアやアフリカ、南米で栽培化され、重要な食料として古代文明を育む原動力となった雑穀ではあるが、アジアのイネ、ヨーロッパのコムギ、新大陸のトウモロコシの三大穀物に席巻され、世界の雑穀栽培面積の減少とともに、各地で栽培されてきた多様な在来種が急速に消失していった。

2　日本の雑穀生産の現状

①日本の雑穀生産の現状

■ヒエ・アワ・キビ

日本の雑穀のうち、公表されている統計資料を元に、作付け面積の推移を見たものが図1—3である。ヒエ、アワ、キビの一八七八年（明治十一年）の作付け面積の合計は三四万八千ha、生産高は二六万七千tであった。一八七九年の水陸稲の作付け面積は二五六万六千ha、生産高は四八五万三千tであった。

この当時の雑穀三種の水陸稲に対する割合は、作付け面積で一三・六％、生産高で五・五％にすぎない。意外にコメの割合が高いではないかと思われるかもしれないが、これは、当時の農民や一般庶民が日常食としてコメを食べていたかどうかの割合ではな

写真と文　小林裕三（社団法人国際農林業協働協会）

インジェラ（エチオピア）

エチオピアを代表する主食で，朝昼晩を問わず食卓にのぼるほど。雑穀のテフを粉にして発酵させ，それを薄いクレープ状に焼き，その上に豆や卵，野菜といった主菜・副菜をのせて包んで食べる。写真では，トマトベースのソースと，ゆで卵，ミンチ肉とタマネギの炒め物がのっている（2007年8月撮影）

トゥ（マリ）

トウジンビエ（パールミレット）を原料とする料理で，マリのレストランではまず食べることのできない家庭料理のひとつである。ミレット粉を火にかけ，蕎麦がきのように水を加えながら素早く練り，冷やして凝固させたもの。若干甘味があるのでこのままでも食べることができるが，辛いソースにつけて食べてもいい。マリだけでなくブルキナファソでも同じような料理が食べられており，ベナンでは「パット」と称して，型に流し込んで成形して食べる（2006年10月撮影）

アフリカ諸国の雑穀利用

チャパロ(ブルキナファソ)

ソルガムを原料とする発酵酒。現地では，大別すると白色種子と赤色種子のソルガムが栽培されているが，白色種子は食用とし，赤色種子を発酵酒の原料としている。アルコール度数は低く，若干酸味のある酒で，村の婦人たちが作って客人にふるまう。また，村内外に売って家計（小遣い）の足しにしている(2009年2月撮影)

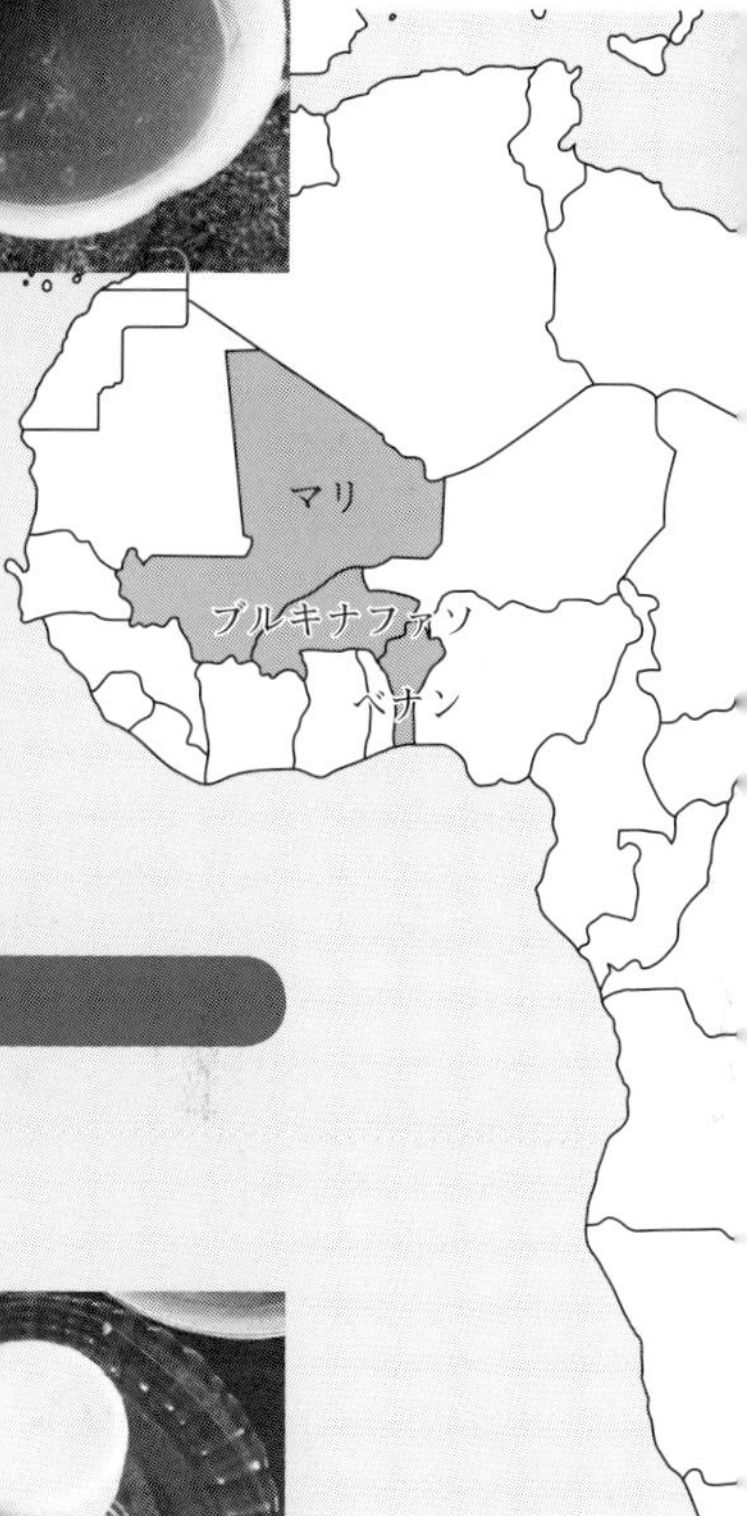

パット(ベナン)

粉にした穀物（トウモロコシ，パールミレット，ソルガムなど）を，蕎麦がきに似た要領で火にかけ，水を加えながら素早く練り，型に流し込んで冷やしてプディング状にしたもの。主食のひとつである。一般的な家庭料理で，レストランでも食べることができる(2006年12月撮影)

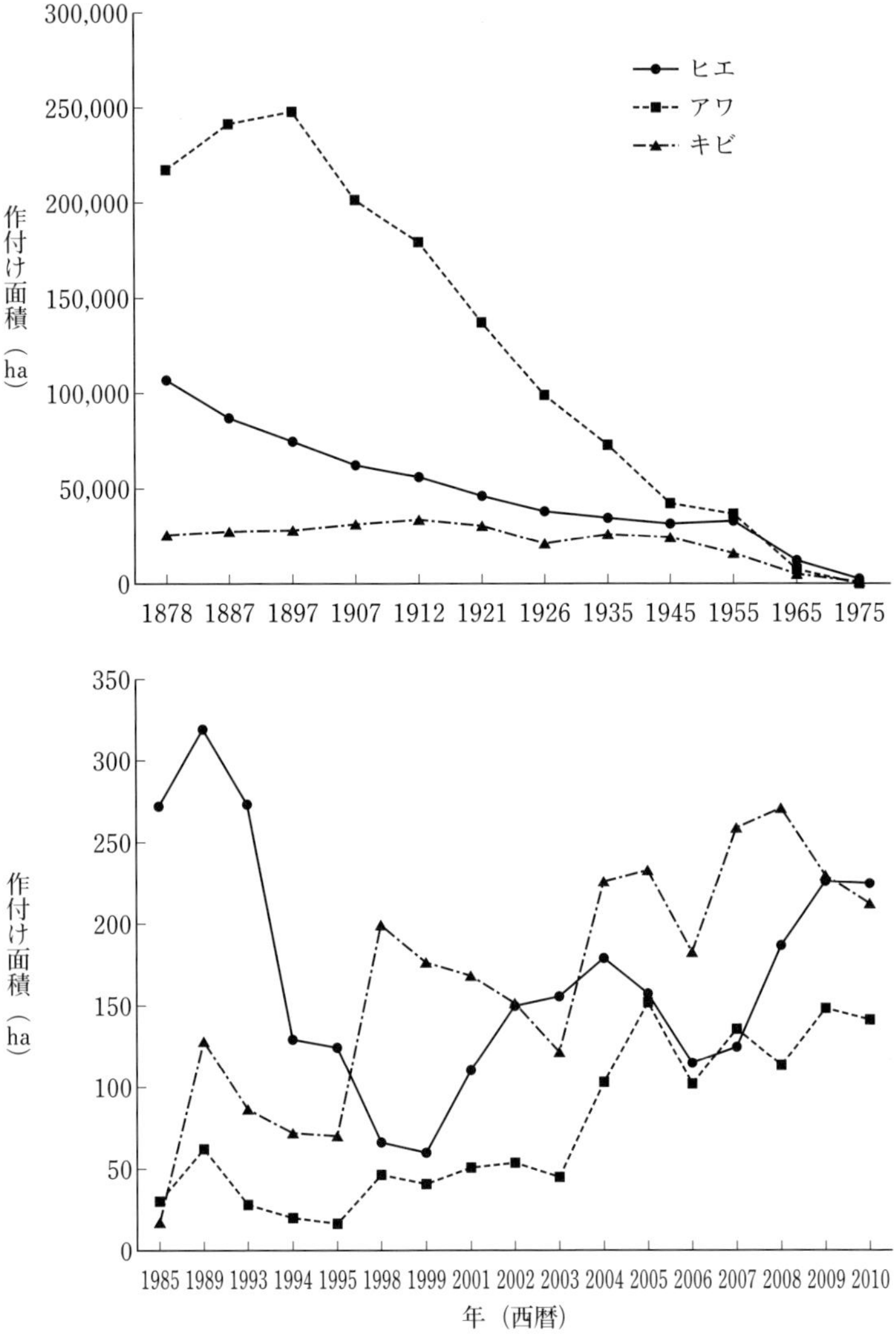

図1−3　ヒエ，アワ，キビの全国作付け面積の推移

出典：農産業振興奨励会資料(2003, 2005)日本特産作物種苗協会(2010, 2012より)

い。一〇年後の一八八七年には、ヒエの作付け面積は減少したが、アワ、キビは増加し、その後は、ある程度の増減を繰り返しながらも、雑穀全体は減少の一途を辿った。

このころのヒエやアワは高冷畑作地を中心に栽培され、ヒエとオオムギなどの二穀メシ、これにイモなどを加えた三穀メシなどの貴重な穀類であった。

昭和三十年代（一九五五年以降）に入ると、イネの耐冷性品種が育成され、寒冷地での苗代技術の向上や施肥技術が向上して、開田が進み、雑穀からイネへの切り替えが急速に進んでいった。日本の高度経済成長にともなって、国民の生活水準が向上し、日常的に米が購入できるようになると、ごく一部の「種子継ぎ」を除いて雑穀の生産は急激に減少した。一九九五年（平成七年）には、雑穀の栽培面積はわずか二〇九haまで減少した。その後、雑穀の価値が見直され、二〇一〇年には五八一haまで増加している。

水稲、コムギと雑穀の単収の推移を比較すると、水稲の単収は一八九〇年代が二〇〇kg／一〇a台、一九〇〇年代が二五〇kg／一〇a台、一九三〇年代に入り三〇〇kg／一〇a台を記録し、一九五〇年代まで着実に増加していった。その後も単収は伸び続け、一九六〇年代には四〇〇kg／一〇a前半、一九八四年には初めて五〇〇kg／一〇a台（五一七kg／一〇a）を記録し、現在まで五〇〇kg／一〇a前半を維持している。

一方、一八八七年の雑穀の単収は、水稲の約半分程度であった。昭和三十年代の単収平均は、アワでは一五〇kg／一〇a、キビでは一一八kg／一〇a、ヒエでは一六一kg／一〇aであった。

一九八五年から二〇一〇年までの作付け面積を図1―3下に示す。二〇〇九年以降、ヒエ、キビとアワともに微減傾向にある。表1―4に、二〇一〇年の作付け面積の上位五県をまとめた。

ヒエでは、岩手県が二一五haで全体（二二五ha）の九六％を生産し、次いで秋田県（六ha）、青森県（三ha）、熊本県（一ha）で、わずか五県で栽培されているにすぎない。

アワでは、岩手県が七九haで全体（一四一ha）の五六％、次いで長崎県（三八ha）、長野県（一〇ha）、秋田県（八ha）、滋賀県（四％）など一二県で栽培されている。

キビは、岩手県が一二三haで全体（二一四ha）の五七%、次いで長崎県（三六ha）、長野県（二四・五ha）、滋賀県（一八ha）など一三県で栽培されている。

キビは、沖縄県ではここ五年間に五〇〜八〇haほど栽培されているが、二〇一〇年には台風などの影響で収穫ができなかったため、収穫量が記録されていない。

表1－4　2010年におけるヒエ，アワ，キビの上位生産都道府県

ヒエ

	面積（ha）	収量（t）	単収（kg/10a）
1位　岩手県	214.5	328	152.9
2位　秋田県	6.2	2	32.3
3位　青森県	3.3	8	242.4
4位　熊本県	1.2	—	—
5位　滋賀県	0.1	—	—
全国計（5）	225.4	338	150.0

アワ

	面積（ha）	収量（t）	単収（kg/10a）
1位　岩手県	79.3	98	123.6
2位　長崎県	38.0	80	210.5
3位　長野県	10.0	11	110.0
4位　秋田県	8.2	3	36.6
5位　滋賀県	3.6	—	—
全国計（12）	141.0	192	136.2

キビ

	面積（ha）	収量（t）	単収（kg/10a）
1位　岩手県	122.8	137	111.6
2位　長崎県	36.0	57	158.3
3位　長野県	24.5	34	138.8
4位　滋賀県	18.2	—	—
5位　富山県	3.3	—	—
全国計（13）	214.0	233	108.9

注1）（財）日本特産農作物種苗協会13，2012.2
2）全国計の行の（　）内の数字は作付けしている都道府県の数

■そのほかの雑穀の生産

ヒエ、アワ、キビ以外の主な雑穀概要を紹介しておこう（表1―5）。

ソバは日本のすべての都道府県で栽培され、雑穀のなかで作付け面積（四万八千ha）、生産高（三万t）ともに圧倒的に多い。そのうち、北海道が全国の作付面積の三二%、生産量では三七%を占めている。ソバに次いで多いハトムギは一七県で栽培され、岩手県が全体（七四〇ha）の三一%、次いで富山県、栃木県となっている。特に、富山県氷見市では県とJAがタイアップし、ハトムギ生産振興協議会を設立し、地域振興最重要作物に指定して本格的生産に取り組んでいる。二〇一二年には岩手県を抜いて最も作付け面積、生産高の多い県となった。

アマランサスは四県で栽培され、作付け面積は二九・五haで、岩手県がもっとも多い（八八%）。

単収という面からみると、ヒエがもっとも収量が高く、次いでアワ、ハトムギの順となりで、アマランサスの単収はもっとも低い（表1―4、表1―5）。

日本の雑穀の生産は、前述したようにソバを除い

表1－5　2010年におけるソバ，ハトムギ，アマランサスの上位生産都道府県

ソバ

	面積（ha）	収量（t）	単収（kg/10a）
1位　北海道	15400	11100	72.1
2位　山形県	4110	1930	47.0
3位　福島県	3450	1860	53.9
4位　福井県	3260	1730	53.1
5位　長野県	2960	2220	75.0
全国計（47）	47700	29700	62.3

ハトムギ

	面積（ha）	収量（t）	単収（kg/10a）
1位　岩手県	233	141	60.5
2位　富山県	154	194	126.0
3位　栃木県	128	281	219.5
4位　島根県	102	140	137.3
5位　宮城県	31	13	41.9
全国計（17）	740	897	121.2

アマランサス

	面積（ha）	収量（t）	単収（kg/10a）
1位　岩手県	25.9	14	54.1
2位　長野県	3.1	2	66.7
3位　秋田県	0.5	—	—
4位　福井県	0.04	—	—
全国計（4）	29.5	16	54.2

注1）（財）日本特産農作物種苗協会13，2012.2

2）全国計の行の（　）内の数字は作付けしている都道府県の数

て岩手県の作付け面積が多い。この主な理由は、岩手県では開田以前には畑地が多く、県北地方や沿岸地方ではヤマセと呼ばれる偏東風が吹き、水稲の冷害常習地であったことなどから、ヒエを中心とした雑穀の栽培が盛んであったからである。そのため、多くの在来種を保有し、北上山系ではいまだに雑穀独特の栽培法や農具で栽培している高齢者がおられる。岩手県ではこれらの知的財産ともいえる雑穀を地域振興に活用し、最近の雑穀ブームを支え、水稲に代わる転換作物としてヒエやハトムギを中心に雑穀振興に努力し、雑穀王としての地位を不動のものとしている。

なお、雑穀の伝統的な栽培法や農具については、132〜135ページにまとめた。

②日本での雑穀の利用

日本人はコメに強い願望をいだきながらも、寒冷に弱い品種や寒冷対策技術や開田技術の未熟さから、イネが栽培できない寒冷山間畑地が多かった。そのため、「ヒエにケガジ（飢饉）なし」といわれるくらいに寒さに強いヒエは、コメに代わる大切な穀物であった。また、温暖な畑作地帯ではアワやキビが重要な穀物であった。イネができない地帯に暮らし、コメが食べられなかった人びとが雑穀を作り、雑穀を食べてきたのである。コメへの強い願望が、雑穀が「貧者の食べ物」と見なされてきた理由だと思う。

ヒエやアワ、モロコシなどの雑穀と、コメ、オオムギ、トウモロコシなどの穀物から、二種類、三種類を混ぜて炊いた飯は、ニコクメシ（二穀飯）、サンコクメシ（三穀飯）と呼ばれた。貧しい家では、ヒエ（七割）とオオムギ（三割）にダイコンや菜っ葉などを入れ、雑炊で空腹を満たした。めでたいことがあると、ヒエに代わってモチのアワを入れた。増田昭子の民俗学的調査報告（二〇〇一）によると、山間高冷地では、コメは正月やお盆でなければ食べられなかった時代が一九五〇年前半まで続き、雑穀は命の糧であった。

一九六〇年代の日本の朝食の定番は「ご飯に味噌汁、漬物」であった。しかし、今では和食離れが進み、食の洋風化が定着して、魚から肉へ、味噌汁からスープへと変わり、「ご飯はおかずの一つ」になった。二〇一三年となった今、「おかず」となったご飯には雑穀が入れられ、食の多様化が進んでいる。

現代人にとって雑穀は、食の多様化を支える古くて新しい穀類であるとの位置づけに変わりつつある。

3 雑穀の輸入と市場

① 雑穀の国内自給率は七%

現在のわが国の食料生産をみれば、輸入農産物なしには日本の食卓は成り立たない。カロリーをベースにした農産物の自給率は、市場規模が縮小したり、輸入が途絶えれば自給率が上がったり、反対に国際穀物相場が安価になれば輸入が増えて自給率が下がったりするが、二〇一〇年の食料自給率を表1−6に示す。

主食用米を除いて、小麦、大豆の自給率は一〇%以下である。

雑穀について見てみよう。財務貿易統計では、日

表1−6　2010年の日本の食料自給率

熱量ベース総合食料自給率			39%
主食用穀物自給率			59%
飼料用含む穀物全体			27%
主食用米	100%	りんご	58%
小麦	9%	牛肉	42%
大麦・はだか麦	8%	豚肉	53%
いも類	76%	鶏肉	66%
大豆	6%	鶏肉卵	95%
ヒエ，アワ，キビ	7%	牛乳・乳製品	67%
野菜	81%	食用魚介類	55%
みかん	95%	海草類	70%

ヒエ，アワ，キビは特産種苗，財務省貿易統計より計算，その他は農業白書

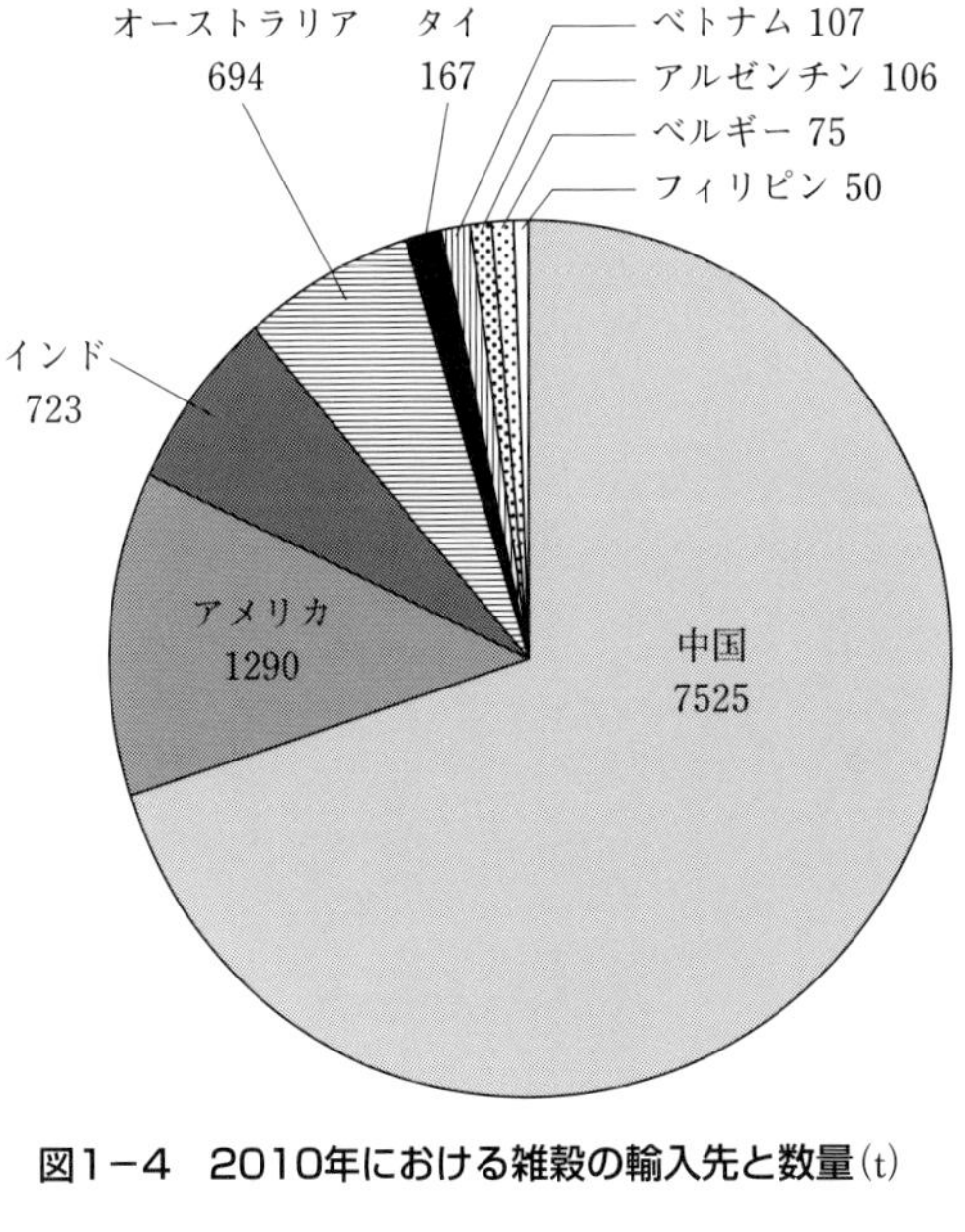

図1−4　2010年における雑穀の輸入先と数量(t)

本に輸入される雑穀の作物区分はなされていないが、ソバ、ハトムギは別途輸入量が明記されていることから、輸入雑穀の種類は、アワ、キビ、ヒエがほとんどと考えてよい。二〇〇四年の一万四八六t、二〇〇八年の一万二三八二tを最高に、ここ数年減少傾向にある。二〇一〇年は一万七三七tを輸入し、その主な輸入先は中国七五二五t、アメリカ一二九〇t、インド七二三tである（図1―4）。

それに対して二〇一〇年の日本で生産された雑穀は、ヒエが三三八t、アワが一九二t、キビが二三三tで、合計七六三t。つまり、最近の国内ヒエ、アワ、キビの自給率は、表からわかるように七％で、大豆と同程度である。

②輸出も可能な健康食品

雑穀市場は健康指向や美容、ダイエット効果などの紹介が功を奏し、二〇〇五年には一五〇億円、二〇〇九年には二〇〇億円、二〇一二年には二五〇億円規模に達すると予想されている。

日本食料新聞（二〇〇九年八月七日付）によると、健康指向だけでなく、雑穀に対するマイナスイメージが払拭され、美味しさも加わって市場が拡大基調にあるという。しかし、高齢化や低経済成長などによって国内市場には陰りが見え始めていることから、今後の市場拡大には、高齢者をターゲットにした、一層の美味しさの追求や利用のしやすさに工夫を重ねる必要がある。同時に、食料消費の多い三十～四十代をターゲットとした国産雑穀での手頃価格での提供も重視すべきである。

一方、世界的には健康食品市場は拡大しており、特に、アメリカの健康市場規模は二・一兆円といわれていることから、アメリカ市場向けの商品開発も視野に入れるべきではないだろうか。また、中国の富裕層向けに、朝食の一つである朝粥用に輸出する可能性も検討に値すると思われる。

第2章

ルーツと魅力

起源および生理生態と、栄養・品質特性

1 雑穀の起源、生態・形態・生理

1 ルーツはアジアとアフリカ

ヒエはイネ科ヒエ属の短日性一年生植物で、染色体数は2n＝五四の異質六倍体である。日本を中心とした東アジアで、四倍体タイヌビエ（2n＝三六）と二倍体性野生ヒエ（2n＝一八）の自然交雑から六倍体イヌビエ（2n＝五四）ができ、さらに栽培種の六倍体ニホンビエ（2n＝五四）が誕生したと考えられている（Yabuno 1966，藪野　一九九六、図2―1）。

主な雑穀は、ユーラシアを主要起源地とするアワ、キビ、ヒエ、インドビエ、ハトムギと、アフリカを主要起源地とするモロコシ（コウリャン）、シコクビエ、トウジンビエがあり、それぞれが二つの大陸で独自の雑穀として成立した。そのなかでも、アワやキビは中央アジア～アフガニスタン、インド西北部で栽培化された。アワはエノコログサから分化したと考えられ、アジアからヨーロッパ、さらにアフリカの一部で伝統的に栽培されるようになった（阪本　一九八八）。なかには、特定の地域にだけ局限されているインドのコド、サマイ、エチオピアのテフ、西アフリカのフォニオなども存在している（阪本　一九八八）。

日本でヒエ、アワ、キビが出土した遺跡数の調査から見てみよう。ヒエは、縄文早期～中期にはヒエ属が北海道で七遺跡、東北では三遺跡、東海・近畿では一遺跡で出土している。しかし、この時期に、アワやキビの出土は確認されていない。縄文後・晩期になる

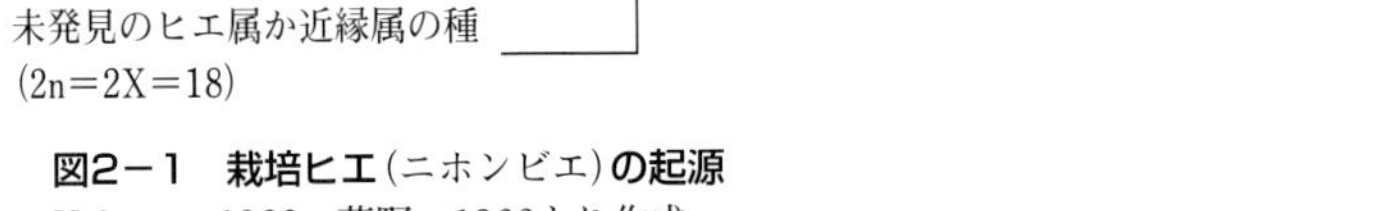

図2－1　栽培ヒエ（ニホンビエ）**の起源**
Yabuno　1966，藪野　1966より作成

表２－１　ヒエ，アワ，キビの主な特性

		ヒエ	アワ	キビ	出典
起源地		朝鮮半島および日本	中央アジア～アフガニスタン，インド西北部	中央アジア～アフガニスタン，インド西北部	阪本 1988
由来		二倍性野生ヒエ/タイヌビエ	エノコログサ	雑草キビ（？）	阪本 1988
倍数性		異質六倍体	二倍体	四倍体	阪本 1988
染色体数		2n=54	2n=18	2n=36	阪本 1988
日本への伝播		縄文中期	縄文晩期	縄文晩期後葉～弥生	高瀬 2009
栽培地域		日本，韓国，中国	アジア全域およびヨーロッパ，アフリカの一部	アジア全域およびヨーロッパ，アフリカの一部	アワ：福永・河瀬 2005
特徴	気象	冷涼	温暖・乾燥	高温・乾燥	町田 1963
	最適 pH	5.0 ～ 6.6	4.9 ～ 6.2	4.9 ～ 6.2	町田 1963
	栽培適地	畑・水田	畑	畑	
		痩薄土	肥沃土	肥沃土	町田 1963

と、ヒエ属は東海・近畿を除いて北海道から九州まで、広い地域から出土している。

アワは東北と九州で、キビは東北と東海・近畿で、それぞれ一遺跡から出土が確認されている。このような出土例からみると、ヒエは縄文中期、アワは縄文晩期、キビは縄文晩期後葉～弥生時代には、食用として広く利用されていたと考えられる（高瀬二〇〇九）。このことから、日本にはヒエが、アワやキビよりも早く伝播したと考えてもいい（表２―１）。

2　生態と形態、開花特性

①　明確な生理的適応をもつ短日性植物

ヒエ、アワ、キビは春に播種し、秋に収穫する短日性植物であるが、地域によって明確な生態的適応がされている。

北海道・東北には、秋冷でも登熟が全うするように、春に播種し温度によって生育・幼穂分化が促進される「感温性の高い品種」、中部以南では、初夏に播種しても出穂し、登熟を全うするように、温度よりも短日により幼穂分化が促進される「感光性の高い品種」が栽培されている。北海道・東北のアワは春アワと呼ばれる春播型、九州には秋アワと呼ばれる秋播型、関東・中国・四国には中間型が分布している。

適応地域としては、ヒエが冷涼な気象を好むのに対して、アワやキビは高温・乾燥を好む。また、水田でも栽培できるヒエに対して、アワやキビは水田では栽培できない。アワやキビを転換畑で栽培する場合には、排水を徹底して栽培することが重要になる。

② 雑穀の変異

ヒエ、アワ、キビの形態を比較するために、これまでの研究事例からその形態的特徴を表にまとめてみた（表2―2）。

稈長は、ヒエとアワはキビよりも長稈である。ヒエの穂型を見ると五タイプ、穎果（玄ヒエ）は四タイプ。アワの穂型は六タイプ、穎果の色は五タイプ。キビの穂型は三タイプ、穎果は四タイプに分けられている。ヒエの穂型と穎果は連続的な変異でその幅は小さいが、アワは穂型も円頭型からネコの手の足のような形まであり、穎果の色も黄色から黒色までと、きわめてその変異の幅が大きいことがわかる。ヒエの千粒重は、アワとキビの中間である。近年、著者らによってヒエのモチ種が育種されるまで、ヒエだけにモチ種がなかった。

写真2―1にヒエ、アワ、キビの穂を並べた。穂

表2－2　ヒエ，アワ，キビの形態的特徴

	ヒエ	アワ	キビ
稈長	80 ～ 150cm	60 ～ 200cm	70 ～ 100cm
穂型	紡錘，短紡錘，長紡錘，円筒，長卵	円筒，棍棒，円錐，紡錘，猿手，猫足	平穂，丸穂，寄穂
穎果の色（玄穀）	黄褐，暗褐，淡黄褐，淡灰褐	黄，橙，赤，灰，黒	白，黄，褐，紫
千粒重	2.8 ～ 3.8g	1.8 ～ 2.8g	4.1 ～ 5.2g
デンプン	ウルチ（モチは育成種）	ウルチ / モチ	ウルチ / モチ

注）町田暢 作物体系第3編雑穀類 1963，養賢堂，および澤村東平 農学大系作物部門雑穀編 1951 養賢堂より作表

ヒエの穂型

左から陸羽2号，ノゲヒエ，長十郎もち，ゆめさきよ，軽米在来(白)，戸田，朝鮮，登谷，金州

アワの穂型

左から
703　中生粟,
707　毛振粟,
701　陸羽5号,
702　陸羽6号,
705　歴城粘穀,
704　滋陽紅粘穀

キビの穂型

平穂(四方に開散する)

丸穂(密生する)

寄穂(一方に偏生する)

写真2－1　ヒエ，アワ，キビの穂型

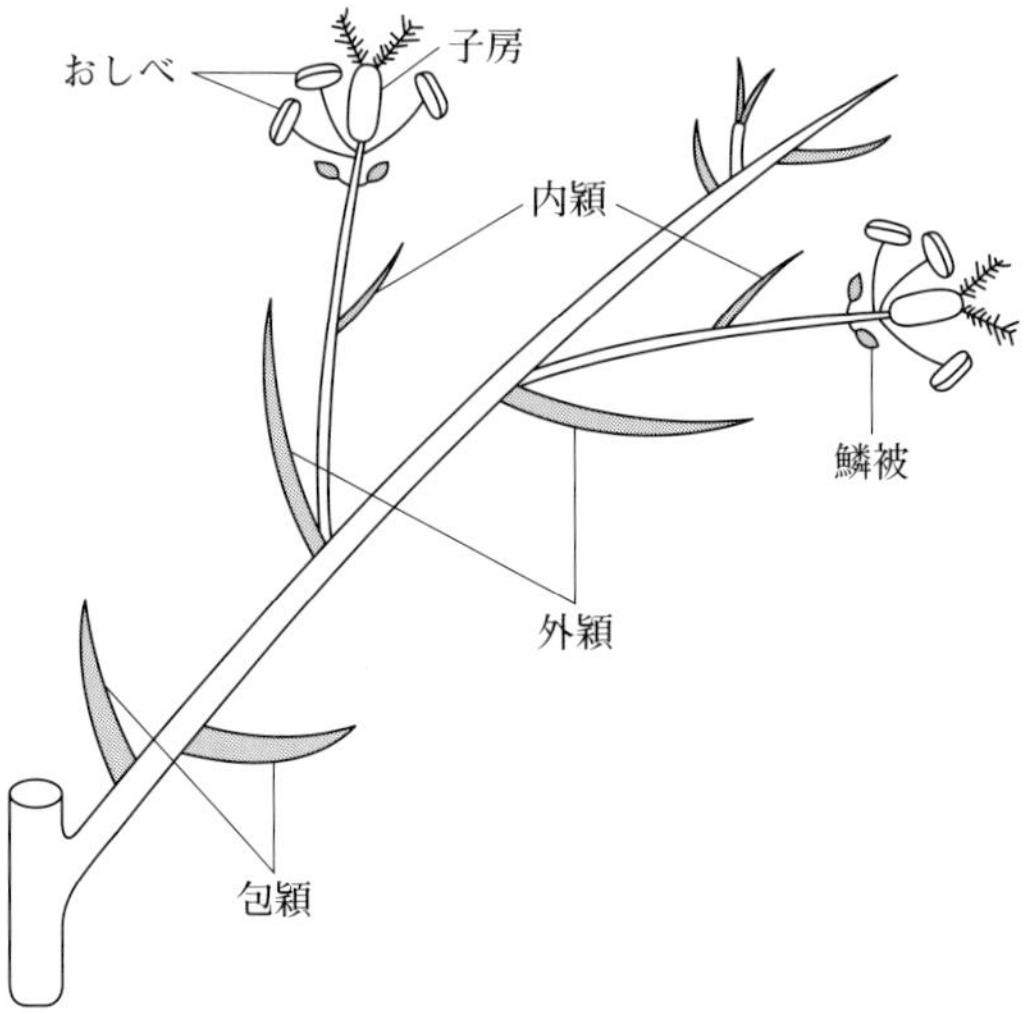

図2―2　ヒエ（イネ科）の小穂の基本構造
田村　1975から作成：『ヒエの博物学』山口・大江より

型といい、色といい、その多様な姿が楽しい。

③ 自家受粉作物で開花時刻はいろいろ

ヒエ、アワ、キビの完全花は、雌しべ一本、雄しべ三本から構成されている（図2―2）。

開花は気温、降雨によって多少変わることがあるが、ヒエでは午前四時～六時ころ、アワは午前一時～三時と午前八時～九時ころの二回の開花が見られ、二回目の開花が多い。キビは午前八時～十一時ころである（町田　一九六三）。ヒエ、アワ、キビはいずれも自家受粉作物であるが、アワの自然交雑率は〇・四九％で、産地や熟生、穂の芒の有無・多少の形態によっても違いがある（町田　一九六三）。とりわけ開花時に低温に遭遇したアワや、当然のことではあるが風下にあるアワの自然交雑率は高くなる。

2 多様な在来種の特性をさぐる

在来作物や在来品種は、その土地の環境や生活する人びとの暮らしと結びついて、農家の確固たる意志のもとに、脈々として現在に引き継がれている財産である。コメが容易に入手できる時代になった今でも、高齢者のなかには雑穀への愛着が強く、数アール規模の「種子継ぎ栽培」を続けている人たちがおられ、現在では貴重な遺伝資源となっている。しかし、今では雑穀栽培はほとんど見ることができなくなり、同時に貴重な在来品種も消えていった。

在来品種などの遺伝資源は、一度失われると二度と復元することはできない。現在では農業生物資源研究所や大学が中心になって、遺伝資源の収集・保存に取り組んでいる。これらの遺伝資源は、農家が栽培する直接的な利用というよりも、むしろ耐病虫抵抗性品種育成などの交配母本としての育種的な利用や在来品種の多様性などの研究利用がほとんどである。将来は、これらの遺伝資源のなかから健康食品や医薬品開発素材としても期待されている。

いったい、日本全体でどれくらいの数の雑穀の在来種が栽培されていたのだろうか。また、それらの品種はどのような特徴をもっていたのだろうか。そのことを調べるために、現在、収集可能な在来種をできる限り集め、盛岡市の北に隣接する岩手大学農学部滝沢農場で数年にわたって栽培し、その特性を明らかにすることにした。以下は、その成果である。

1 ヒエ　在来品種一五三種の特性

栽培に用いた在来品種は、農業生物資源研究所や東北農業研究センターから分譲を受けたほかに、自ら県内から収集した計一五三品種である。これら在来品種は、原産地が東北地方・中部地方由来のものが多いが、なかには原産地が北海道や九州の在来品種も含まれている。

① 在来品種の生育の特徴

原産地が東北や中部地方の在来品種を五月下旬に播種すると、七月下旬に出穂する品種から、九月上旬に出穂する品種まであることがわかった（図2—3）。

原産地が北海道の品種は（極）早生で、原産地が関東以西の品種は晩生で、名称から判断し、原産地が九州・四国と考えられる品種は岩手県では出穂に至らないか、出穂しても完熟に至らないことが多い。ただし、原産地が熊本県や宮崎県山間部の品種は、岩手県では八月上旬に出穂する品種が多い。

原産地が東北・中部山間部でも晩生品種があることに驚かされる。これは農家が農耕用に馬や牛を飼養していた時代に、ヒエの茎葉が飼料に利用されていたことと関係する。晩生品種を岩手で栽培すると、作物の体（バイオマス）が大きくなるために、穀実は食料に、茎葉は飼料として利用するのに適していたためと考えることができるからである。

地際から穂の付け根までの長さである稈長は、五七cm（岩系512）から二一三cm（山梨県雨畑）までの大きな幅があった（図2―4）。

穂長は一〇・四cm（久慈NR）から二三・五cm（滝稗有芒）、玄ヒエ千粒重は一・八〇g（滝稗有芒）か

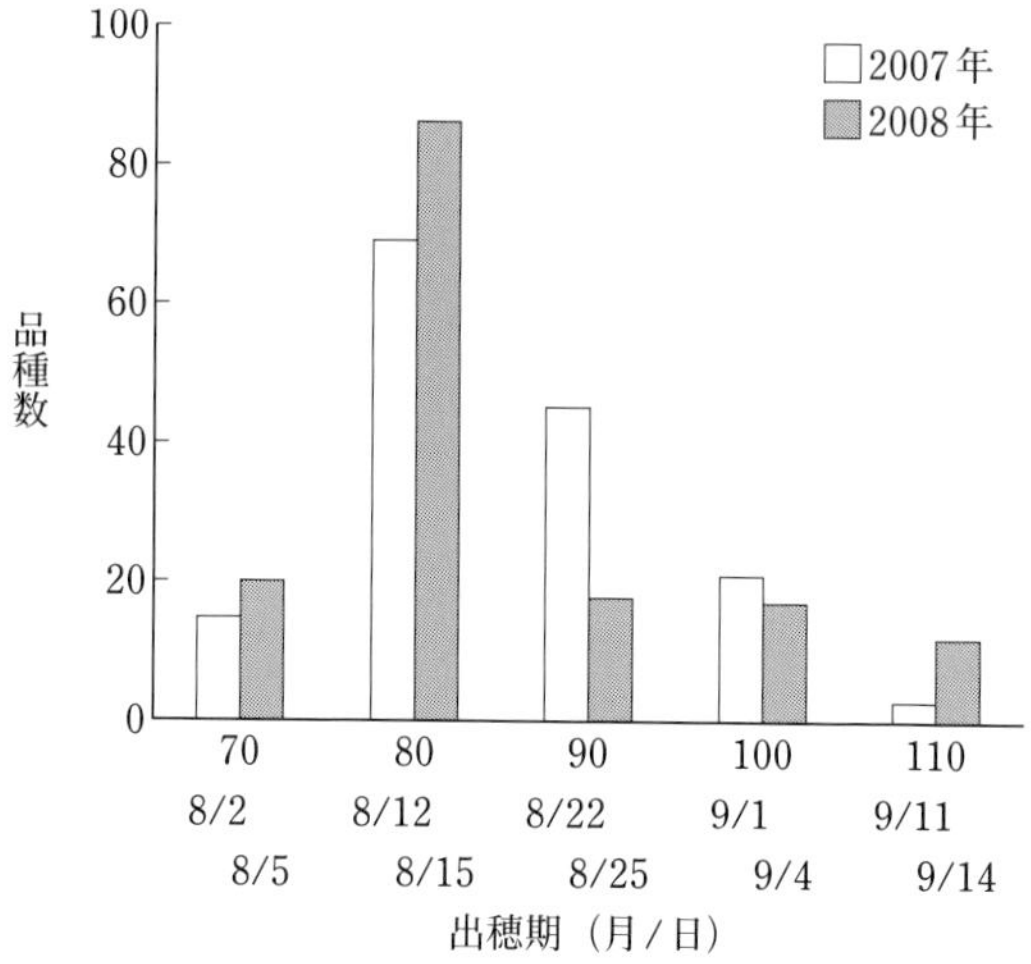

図2−3　出穂期に関する系統の頻度分布（n＝153）
出典：木内ら　2010

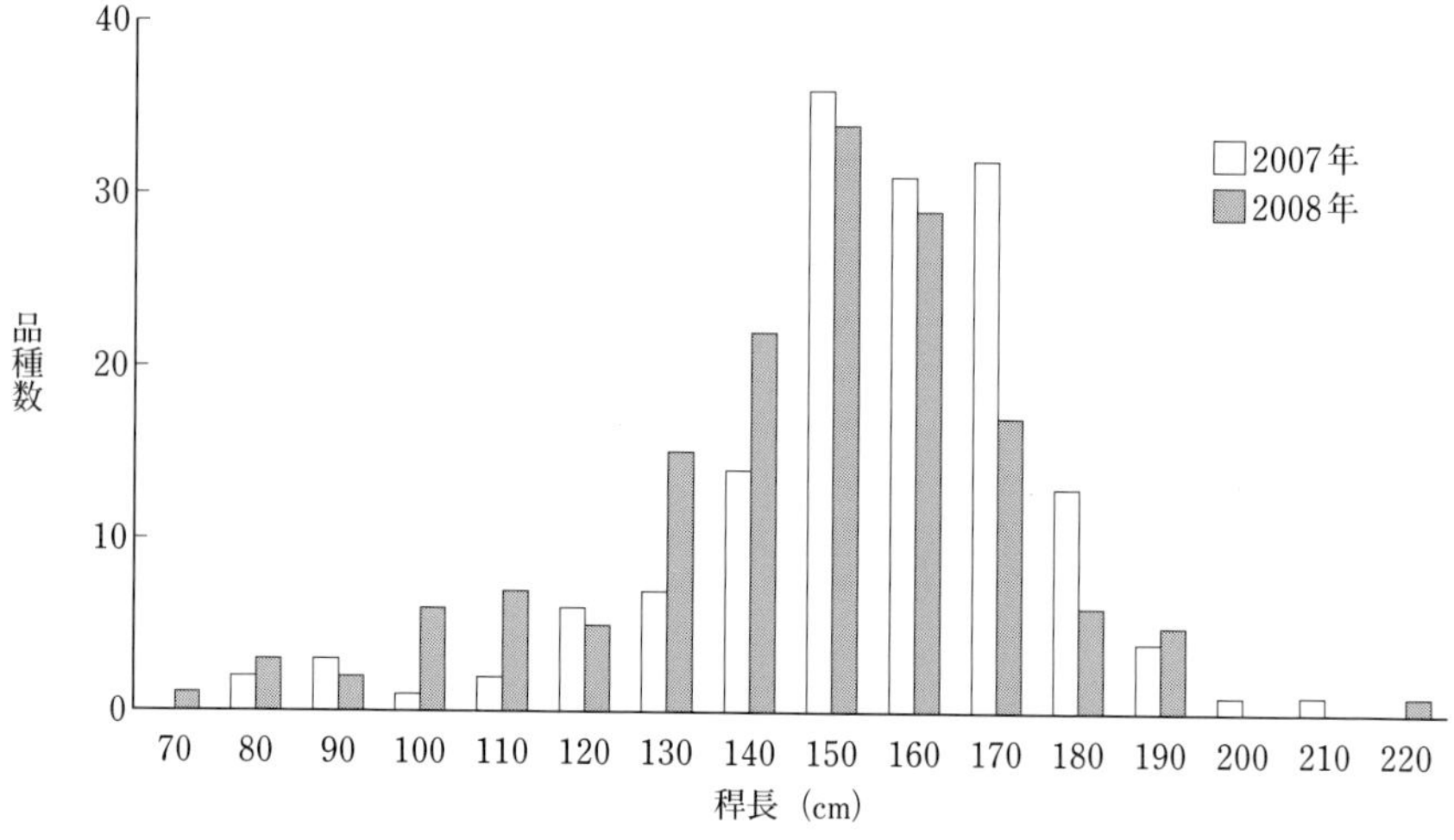

図2−4　稈長に関する系統の頻度分布（n＝153）
出典：木内ら　2010

ら三・八九ｇ（S2-9 高林）までの幅があった。

こうした変異の大きさは、変異に富む在来品種同士の交配によって、たとえば短稈が一〇〇cmの「達磨」のような品種と、七月下旬に出穂を迎える「岩系517」のような品種と交配すると、これまでの在来品種にはなかった極短稈で早生の品種が育成される可能性を示している。

② 稈長などの形質の相互関係

一五三在来品種の形質間相関関係は、穂長と穂数との間には負の関係、つまり穂が長い品種は穂数が少ないことを表わしている。イネでいう「穂重型」「穂数型」と同じである。

穂長と出穂まで日数との間には正の関係、つまり、穂長が長い品種は、出穂までに要する日数が長いことを表わしている。また、穂数と玄穀重との間には正の、穂数と出穂まで日数との間には負の関係が認められた。

すなわち、早生品種は短稈・短穂長で「穂数型」、晩生品種は長稈・長穂・少穂で「穂重型」の傾向とうかがえる。

③ 多収品種はどれか

三年間、同じ栽培条件で約一五三品種の農業特性調査を行なったなかから、玄ヒエ単収の上位一〇品種を表2―3に示す。

もっとも多収であった品種の収量は二八七ｇ／m^2（奥羽稗）で、一〇ａに換算すると二八七kgの収量になる。九品種が二〇〇ｇ／m^{2}を超えた。新品種である「長十郎もち」（世界で初めて育種されたモチ性のヒエ。72ページ参照）と「ノゲヒエ」は安定して二五〇ｇ／m^{2}を達成し、多収品種である。また、「軽米在来（白）」は早生で初期生育に優れ、収量は安定しているが、脱粒しやすい弱点がみられた。

岩手県で最大の栽培面積を有する「達磨」は、最近、収量が低下してきている。その主な原因は、連作による地力消耗、害虫による茎の折損、雑草による生育抑制によると思われるが、種子の退化を疑っている生産者もいる。しかし、詳細は明らかではない。

④ 品種による成分含有量の違い

コメやムギだけでなくヒエなどの雑穀も、食べたときの粘りは、食感による食味を大きく左右する。

表２－３　ヒエの単収上位品種・系統の主な特性

系統名	原産地	玄ヒエ重 (g/m^2)	出穂期 (月 / 日)	稈長 (cm)	穂長 (cm)	玄穀千粒重 (g)	粗タンパク含有量 (%)	アミロース含有量 (%)
奥羽稗	不明	287	8/14	143.5	16.0	2.73	12.5	24.5
ノゲヒエ	岩手	264	8/17	161.5	16.0	2.83	12.4	24.2
気仙黒	不明	253	8/16	140.6	15.8	2.62	13.8	24.1
長十郎もち	岩手	246	8/18	166.9	16.8	2.76	12.5	0.6
ニギリ	不明	228	8/9	136.9	13.3	2.98	11.9	24.5
大迫在来	岩手	224	8/7	135.4	12.9	3.10	12.4	24.7
余市早生	不明	216	8/3	141.8	13.3	2.98	13.4	24.8
箒根在来	不明	211	9/1	176.3	19.8	3.02	16.1	24.2
朝鮮	不明	204	8/13	133.3	13.5	2.66	12.4	23.3
軽米在来 (白)	岩手	197	8/9	139.5	13.6	3.06	12.1	24.2

注）3 年の平均値．ただし，長十郎もちと軽米在来（白）は 2 年の平均値．粗タンパク含有量およびアミロース含有量は 2 年の平均値

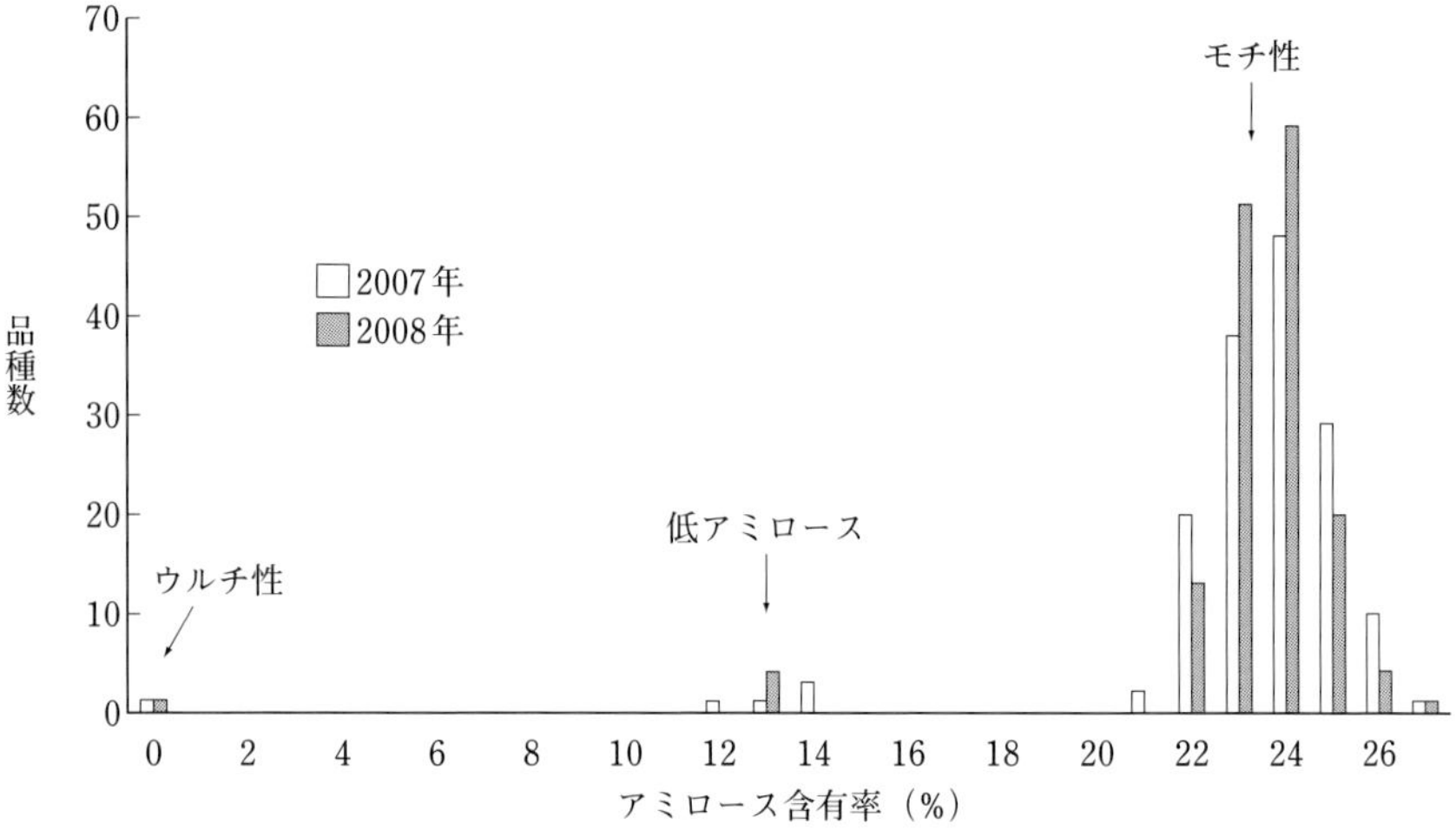

図2－5　アミロース含有率に関する系統の頻度分布(n=153)
出典：木内ら　2010

そこで、「パサパサして美味しくない」といわれているヒエ品種の、粘りに関係するアミロース含量の多少を測定することにした。その結果、品種のアミロース含有量は不連続に分布し、ウルチ性品種、低アミロース性品種、さらに、モチ性品種「長十郎もち」に明確に区分できた（図2—5）。

ウルチ性品種のなかでは、アミロース含有量のもっとも低い品種ともっとも高い品種との間に約一・三倍の差異があり、ウルチ性品種のなかで、アミロース含有量と食味との関係を検討する必要がある。

低アミロース四品種（稗糯、ノゲヒエ、阿仁、もじゃっぺ）は、試験年次によってわずかな違いはあるものの、出穂期、稈長、穂長、芒などがきわめて似ている（鎌田ら 二〇〇九）。おそらく一つの低アミロース品種が、各地で別な名称で呼ばれていたのではないだろうか。筆者は「ノゲヒエ」を栽培している岩手県葛巻町で聞きとり、その種子を入手したのが岩手県野田村であることがわかり、野田村まで入手経路を追いかけた。結果、その人が入手したのは昭和三十年代であったことはわかったが、その先はわからなかった。また、「もじゃっぺ」は岩手県岩泉町安家や大川地区では、昭和二十年代には「これは食べて美味しいヒエだ」と意識して、種子を絶やさないように栽培していたという。

穀粒の粗タンパク含量は、一般に、土壌肥沃度、前作の違い、気温・降水量などによって変動する。ヒエもその傾向があるが、粗タンパク質含有量の高い品種は、ほかの年次でも粗タンパク質含有量が高い関係が認められる。また、粗タンパク質含有量は、低い品種ともっとも高い品種との間には、二〇〇七年は一・九倍、二〇〇八年は一・五倍の差異が認められた。

2 アワ 在来品種一一五種の特性

ヒエと同様に岩手大学農学部滝沢農場で、全国の在来一一五品種を栽培し、調査した。在来品種の特性をみることにする（星野ら 二〇一一）。

① 在来品種の生育の特徴

アワは、五月下旬に播種すると、七月三一日（伊福、原産地不明）から九月二四日（クロアワモチ、鹿児島。登熟せず）に出穂する品種まであった（図2—6）。

原産地が九州の九品種のうち、四品種は盛岡では

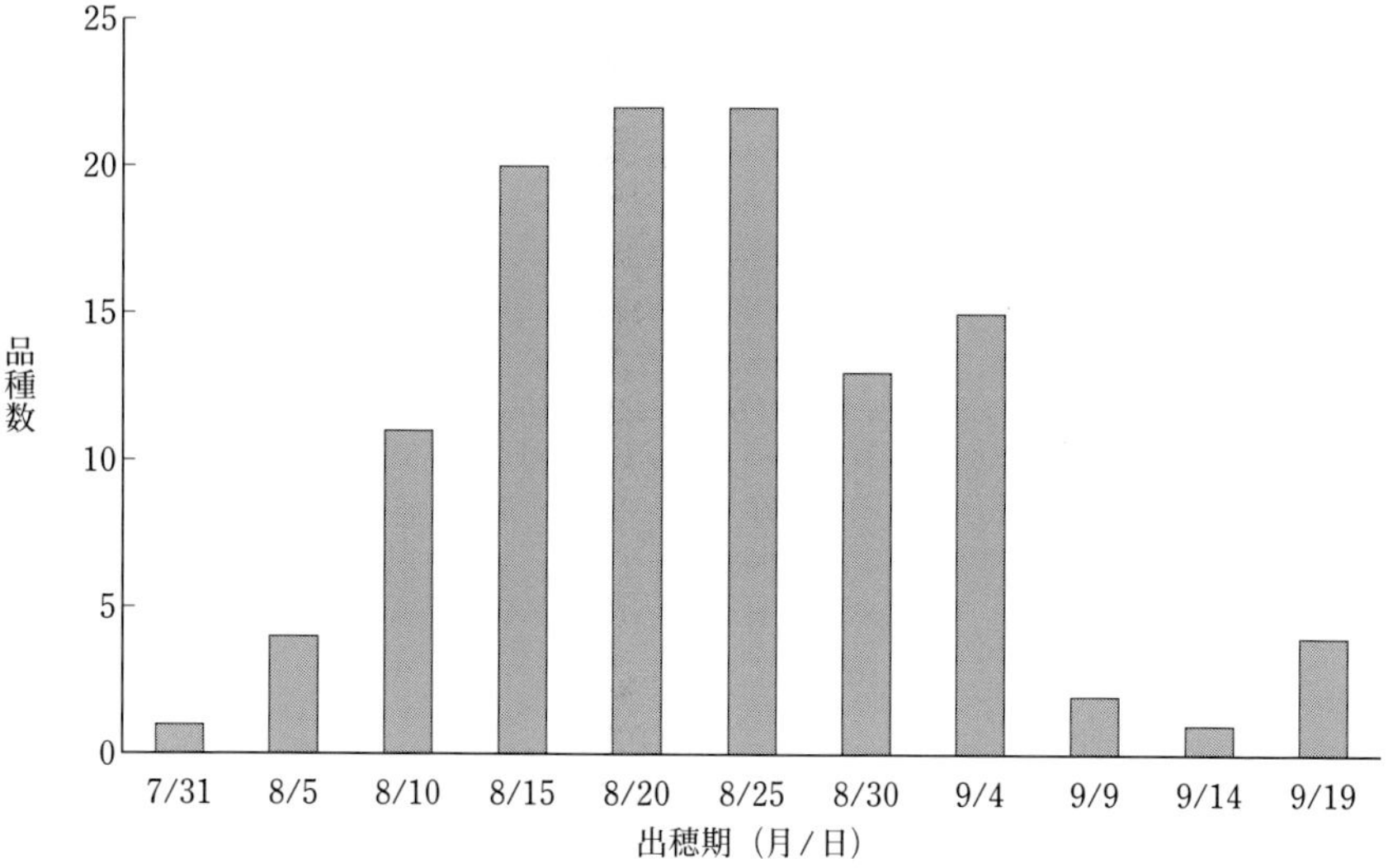

図2－6　アワの出穂期に関する系統の頻度分布（n＝115）

出穂に至らず、出穂した五品種の平均出穂日は九月三日であった。これは、岩手県で栽培している二四の収集品種の平均出穂日八月一五日より遅い。

稈長は、八三・一cm（昭和糯）から一六九・〇cm（岩手収集）まであり、穂長は、一二・七cm（モチアワ）から三七・三cm（赤打田）まである。原産地が九州で出穂した五品種の平均稈長は一一一・三cm、平均穂長は一九・八cmであった。岩手県で栽培している二四収集品種の平均稈長は一四二・三cm、平均穂長は二六・三cmであった。

アワの稈長の品種間変異はヒエよりも小さく、穂長の品種間変異はヒエよりも大きいことがわかる。

②　多収品種はどれか

玄アワ千粒重は一・四六g（黄粟（2））から二・八五g（河北肥郷）に分布し、ウルチ品種（n＝一二）の平均は二・一〇g、モチ品種（n＝一二）の平均は一・八三gで、ウルチ品種の千粒重はモチ品種の千粒重より重い。

玄アワ単収の上位一〇品種を表2―4に示す。もっとも多収であった品種の玄アワ重は三四一g／m^2で、一〇a当たりに換算すると三四一kgにもなり、

表２－４　アワの単収上位系統の主な特性

系統名	原産地	玄アワ重 (g/m^2)	出穂期 (月 / 日)	稈長 (cm)	穂長 (cm)	粗タンパク含有量 (%)	アミロース含有量 (%)
くろもち	不明	342	8/13	129.1	24.5	11.1	5.0
雪谷糯	不明	304	8/7	124.1	18.9	11.9	2.6
クロモチNo.1	福島	285	8/12	135.0	26.3	12.1	2.7
もちあわ	宮城	283	8/21	106.8	21.6	11.3	2.4
もちあわ	長野	282	8/30	122.0	15.7	9.7	1.7
白糯（1）	秋田	275	8/20	141.1	28.7	-	20.8
モチアワ	新潟	247	8/24	144.1	27.0	10.9	4.1
白糯（3）	秋田	242	8/18	129.7	26.4	10	2.6
もちあわ	宮城	233	8/26	120.3	18.2	12.2	3.7
虎の尾	秋田	232	8/7	128.4	34.8	10.6	30.0

注）単年度の特性値

ヒエよりは明らかに多収であった。

③ 品種による成分含有量の違い

玄アワの粗タンパク含有量は、品種によって、八・八％から一二・二％の変異幅がみられた。収量からみた上位一〇品種の粗タンパク含有量は、一〇％から一二％であった。

品種名にモチ、糯《もち》などの名称が付けられていても、ヨード判定ではウルチ粒であることもある。なかには、モチ粒のなかにウルチ粒が三〇％ほど混在している品種もみられた。前年にウルチ品種を栽培した畑にモチ品種を栽培し、前年の遺漏種子が発芽して混じってしまったことや、播種時や脱穀時の作業中の手違いでモチ品種のなかにウルチ品種の種子が混じってしまったためと考えられる。

数年前に岩手県内で収集したアワ在来品種は、すべてモチ品種であった。これは、自家消費としてコメに混ぜて炊飯すると、モチ品種がウルチ品種より美味しいことから、モチ品種を選択したのであろう。ただし、常食するにはウルチ品種のほうが食べ飽きしないが、販売する場合にはモチ品種しか買い取ってもらえないことから、モチ品種の選択とならざるをえない事情もあるようである。

3 キビ 在来品種四二種の特性

ヒエやアワと同じように、岩手大学農学部滝沢農場で全国の在来四二品種を栽培し、調査した。在来品種の特性をみることにする。

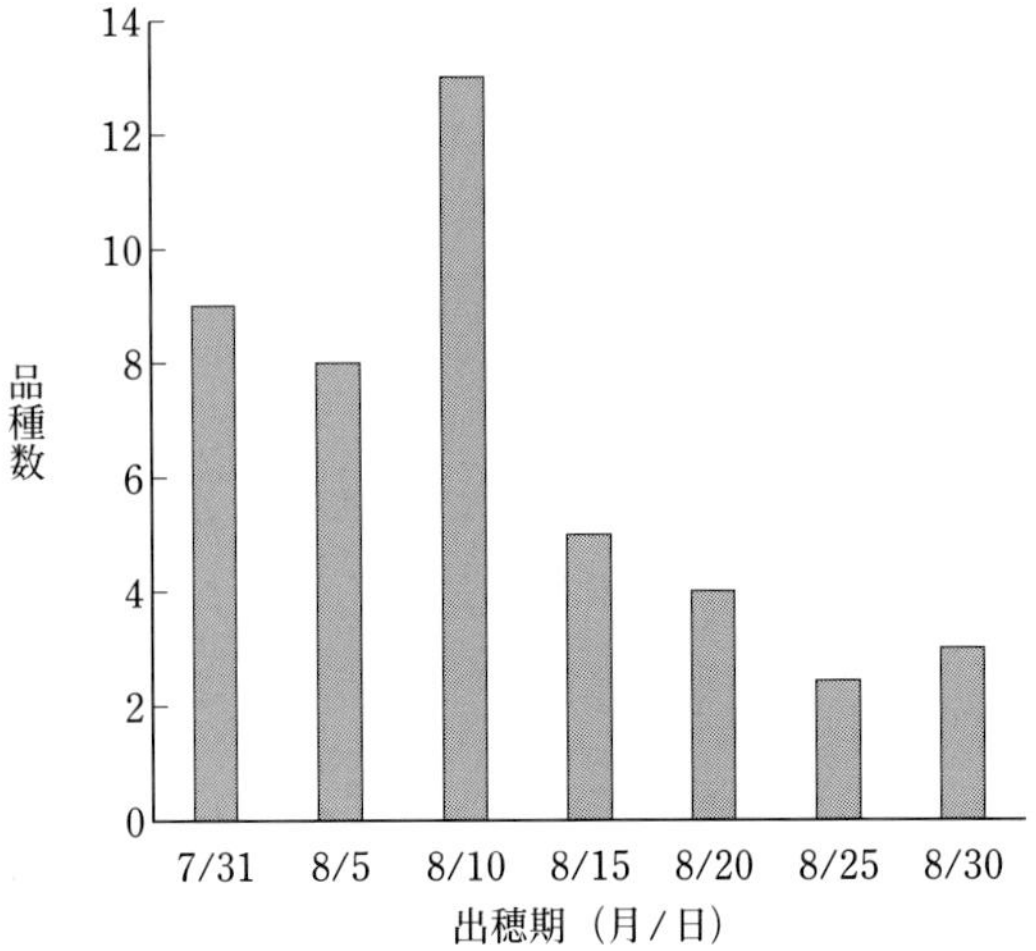

図2−7 キビの出穂期に関する系統の頻度分布
(n=42)

① 在来品種の生育の特徴

キビは、五月下旬に播種すると、七月二九日（平黒糯、原産地北海道）から八月二九日（沖縄県収集）に出穂する品種まであった。しかし、原産地が徳島の品種（キビ糯）の出穂期は八月一〇日で、ヒエでみられたように、原産地が西南日本の品種の出穂期が遅い傾向は認められなかった。半数以上の品種は八月一〇日以前に出穂し、岩手県で栽培されている品種はほとんどが八月五日以前に出穂した（図2—7）。

岩手県で栽培されている品種の稈長は、八三・〇cmから一三七cmで、平均稈長は一〇八・九cm。穂長は三二cmから五一cmで、平均穂長は三九・一cm。いずれも、品種によって大きな変異があることがわかる。岩手県で栽培されている品種の平均は、全国から収集された平均稈長一六四・四cmより短く、穂長はわずかに長く、栽培しやすい品種が選抜されていることがうかがえる。

② 多収品種はどれか

キビは、ヒエやアワに比べて一般に早生が多く、

表２－５　キビの単収上位系統の主な特性

系統名	原産地	玄キビ重 (g/m²)	出穂期 (月／日)	稈長 (cm)	穂長 (cm)	粗タンパク含有量 (%)	アミロース含有量 (%)
小川在来（糯）	長野	340	8/14	177.1	38.8	13.9	0.8
キビ糯	徳島	306	8/10	177.9	29.0	14.1	1.6
もちきび	沖縄	292	8/20	152.4	33.6	12.9	0.8
餅キビ	不明	266	8/14	179.9	38.4	13.2	1.6
コキビ（モチキビ）	長野	228	8/15	157.1	33.5	13.7	1.0
上条在来（糯）	長野	205	8/16	163.5	38.9	13.9	1.0
モチキビ	長野	156	7/29	153.6	41.3	13.7	1.0
モチキミ	福島	113	7/31	166.5	41.8	14.1	1.5
中生糯	北海道	93	8/19	169.8	39.1	13.6	2.0
半黒糯	北海道	63	7/29	146.5	34.3	14.8	2.8

注）単年度の特性値

スズメなどの食害が大きく、脱粒しやすい。そのため、正確に収量を把握することはむずかしいが、一〇品種の単収や他の特性を調査した（表２―５）。網掛けが遅れ、早生品種は大きな鳥害にあったので、株単位で網掛けした六品種のうち、中生の二品種は三四〇・五ｇ／m²、（小川在来〈糯〉、長野）、三〇五・八ｇ／m²（キビ糯、徳島）を記録し、四国の品種のなかでも多収であった。

③ 品種による成分含有量の違い

玄キビの粗タンパク含有量は一三～一五％で、アワよりはやや高かった。栽培試験に用いた品種はすべてモチであった。

遺伝資源のこれから

在来品種の収集に出かけて農家にヒエ、アワ、キビなどの品種名を尋ねても、品種名が返ってくることはほとんどない。収集者は、固有名詞がない場合には収集地名や品種の特徴や、「モチ」（糯、餅、もち）あるいは「ウルチ」などを組み合わせて、収集名としていることが多い。別の収集者が同じ品種でも別な名称をつけることもあり、異名同種が少なからずあると思われる。

過去の調査などから、ヒエは五〇種類以上、アワは二〇〇〇種類以上、キビはおおよそ五〇種類があるといわれている。これら遺伝資源を正確に分類・整理することも重要であるが、今後の多様な利用を考えて、病害虫への抵抗性や強稈性や多収性などの優れた農業特性はもちろん、加工・利用特性や機能性成分の有無・含有量の多少なども評価しておく必要がある。

最近では穀物業者や農業団体の「販売しやすい作目・品種」に特化する傾向があるため、遺伝資源の消失に拍車がかかっているのが現状である。そのために、公的機関に遺伝資源を保存し、そして、その遺伝資源が栽培され続けた地域で作り続けられるような農家の協力も得なければならない。

3 雑穀の成分と品質

消費者がヒエやアワ、キビにもっとも期待するのは、穀粒に含まれる豊富な栄養素である。

これまで、ヒエやアワ、キビに含まれる無機成分は、食品成分表のデータで紹介されることが多かった。本項では、これまでの知見に加えて、最近の研究成果を含めて、ヒエ、アワ、キビの優れている点を紹介する。

1 ミネラルと食物繊維リッチな雑穀成分

食品成分表のヒエ、アワ、キビ、コメ、コムギの精白粒の成分含有量を見てみよう（表2―6）。ヒエ、アワ、キビは、コメに比べて、タンパク質、脂質、カリウム、カルシウム、マグネシウム、リン、鉄、亜鉛、銅、マンガンのいずれも多い。特に、マグネシウムが二倍以上、鉄や亜鉛もコメの約二倍含まれている。ヒエ、アワ、キビのなかでみると、アワにはマグネシウム、鉄、銅が多く含まれ、ヒエにはナトリウムやマンガンが多く含まれている。それだけでなく、現在の食事に不足しがちな食物繊維が多く含まれている。いずれも現代の食生活のなかでは不足しがちなものばかりで、その面からも、ヒエ、アワ、キビは、食生活改善の重要な穀物として期待されている。

ただし、含まれる栄養成分は、品種の差や、栽培される土壌の種類よって違いが出る。一般に、穀類は火山灰土壌で栽培すると高タンパク質になる。出穂期以降に窒素肥料を追肥するとタンパク質が高くなるが、火山灰土壌では明確な反応はしない。

① 品種・土質の違いと雑穀成分

ヒエ、アワ、キビの穀粒のタンパク含有量が、品種によって異なることは前述したとおりである。ヒエでは、リン、マグネシウム、鉄、銅の含有量に品種間差が現われる。アワ、キビでは、カリウム含有量に品種間に差がある。

また、ヒエでは、土壌型や畑・水田でも無機成分は異なる。リン、カリ、亜鉛は水田が畑より高く、鉄や銅は畑が水田より高い（図2―8、2―9）。マンガンについてみると、水田のほうがはるかに高くなっている（図2―10）。もし、特定の無機成分に注目して利活用する場合には、品種、栽培環境などを検討することが重要になる。

② 搗精歩留まりと成分の変化

精白歩留まりによっても成分含有量が違ってくる。精白とは、玄穀の外側の糠層を削って、一般に食べやすい状態に調製する作業のことで、一〇％削って精白すれば「搗精歩合九〇％」という。

精白することによって、当然のことながら成分含有量は玄穀よりも減少する。しかし、その減少の程

表２－６　食品成分表による各穀類の成分（可食部分 100g 当たり）

	エネルギー（kcal）	タンパク質（g）	脂質（g）	炭水化物（g）	食物繊維（g）		ビタミン（mg）				
					水溶性	不溶性	E	B_1	ナイアシン	葉酸	パントテン酸
ヒエ	367	9.7	3.7	72.4	0.4	3.9	0.3	0.05	2.0	14	1.50
アワ	364	10.5	2.7	73.1	0.4	3.0	0.8	0.20	1.7	29	1.84
キビ	356	10.6	1.7	73.1	0.1	1.6	0.1	0.15	2.0	13	0.94
コメ	356	6.1	0.9	77.1	−	0.5	0.2	0.08	1.2	12	0.66
コムギ	366	11.7	1.8	71.6	1.2	1.5	0.3	0.10	0.9	15	0.77

食品名	無機成分（mg）								
	ナトリウム	カリウム	カルシウム	マグネシウム	リン	鉄	亜鉛	銅	マンガン
ヒエ	3	240	7	95	280	1.6	2.7	0.30	1.37
アワ	1	280	14	110	280	4.8	2.7	0.45	0.89
キビ	2	170	9	84	160	2.1	2.7	0.38	-
コメ	1	88	5	23	94	0.8	1.4	0.22	0.80
コムギ	2	80	20	23	75	1.0	0.8	0.15	0.38

注 1）五訂食品成分表（科学技術庁資源調査会　2003）
　2）ヒエ，アワ，キビは精白粒，歩留まり：ヒエは 55 ～ 60％，アワとキビは 70 ～ 80％，コメは精白米で歩留まり 90 ～ 92％，コムギは強力粉１等

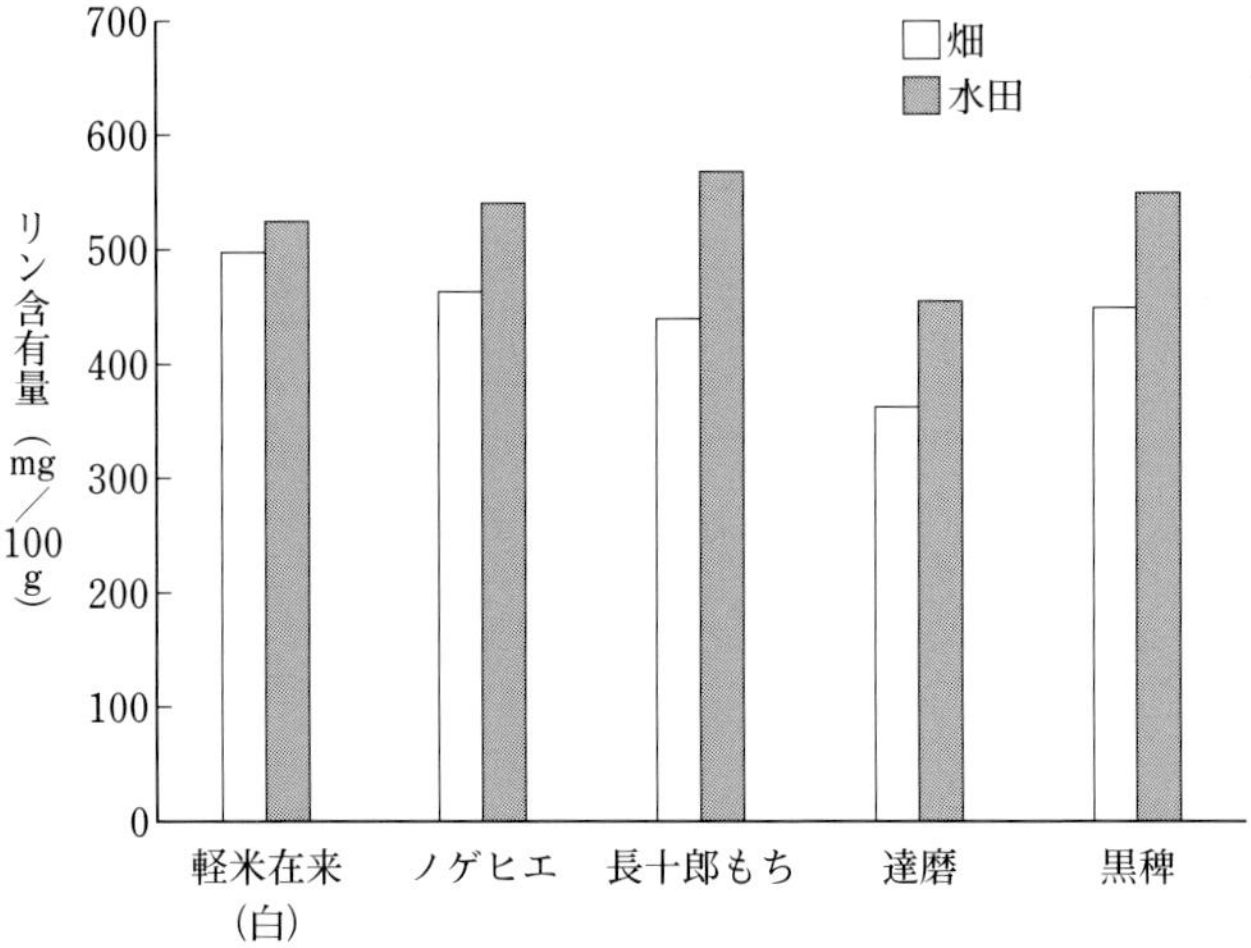

図2－8　畑と水田におけるリン含有量の品種間差異（ヒエ）
出典：木内ら　2012

度は、含まれている成分や品種によってもやや異なる。搗精歩合九〇％（一〇％削る）から七〇％（三〇％削る）にまで搗精歩合を下げると、ヒエ、アワ、キビともに、マグネシウムは減少する（図2―11）。しかし、鉄の含有量は、ヒエでは搗精歩合八〇％で一定になるが、アワやキビでは搗精歩合七〇％まで低下し続ける。搗精歩合九〇％（一〇％削る）の場合、コメはカリウム、マグネシウム、鉄が三分の一まで減少してしまうのに対して、ヒエ、アワ、キビの減少割合は一〇～四〇％程度にとどまっている（図2

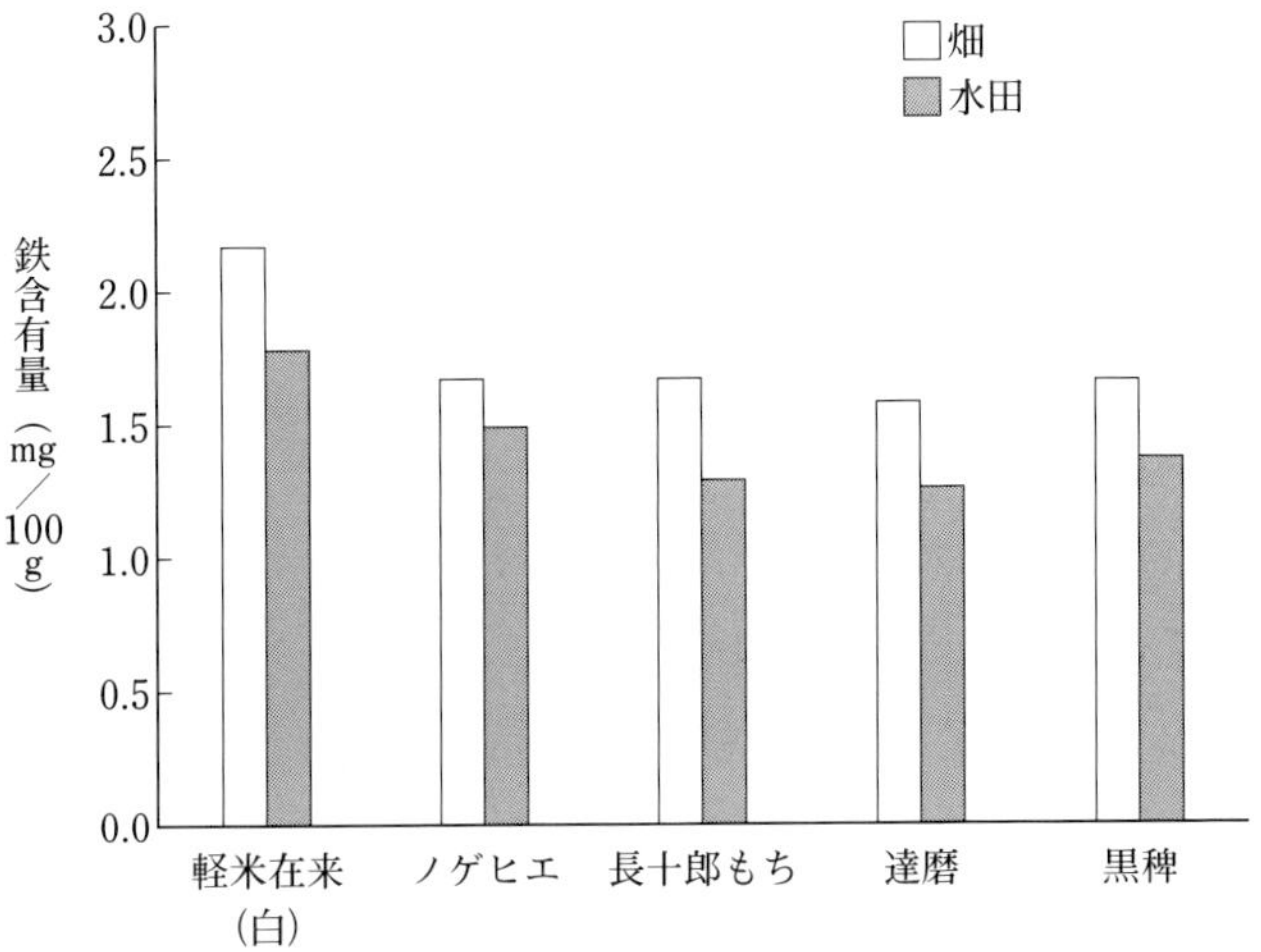

図2－9　畑と水田における鉄含有量の品種間差異（ヒエ）
出典：木内ら　2012

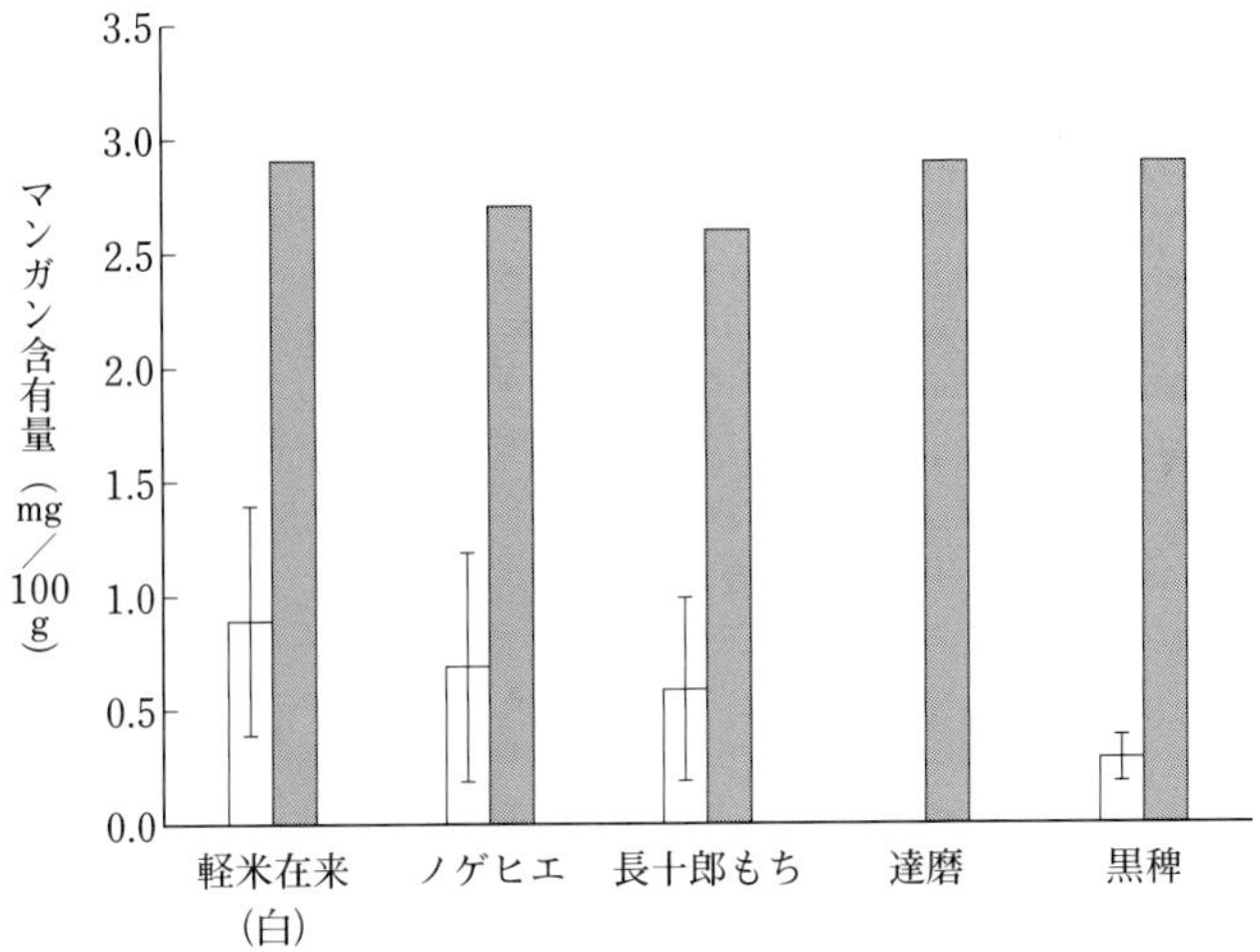

図2－10　畑と水田におけるマンガン含有量の品種間差異（ヒエ）
出典：木内ら　2012

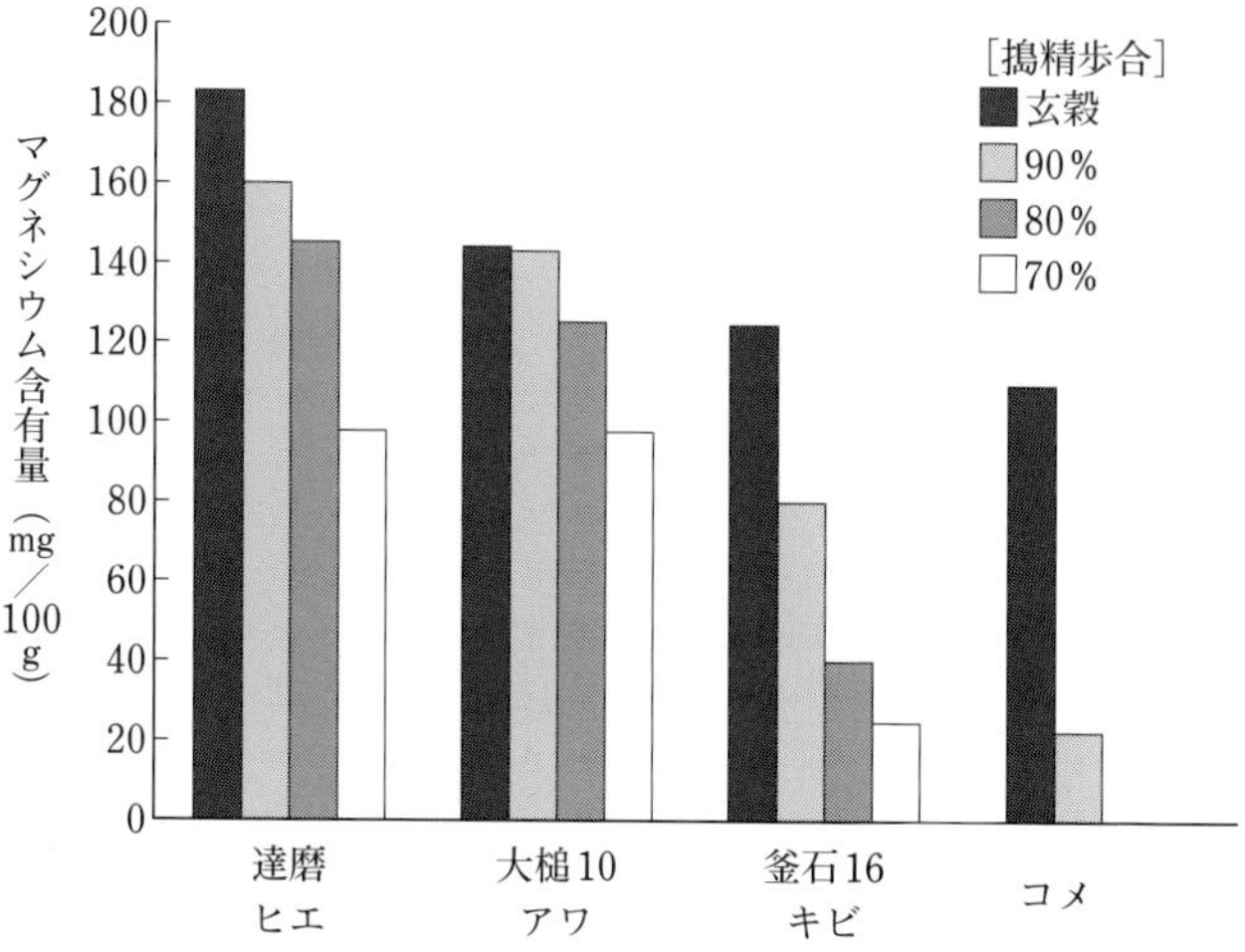

図2－11　搗精によるマグネシウムの減少程度（菊地　2003改写）

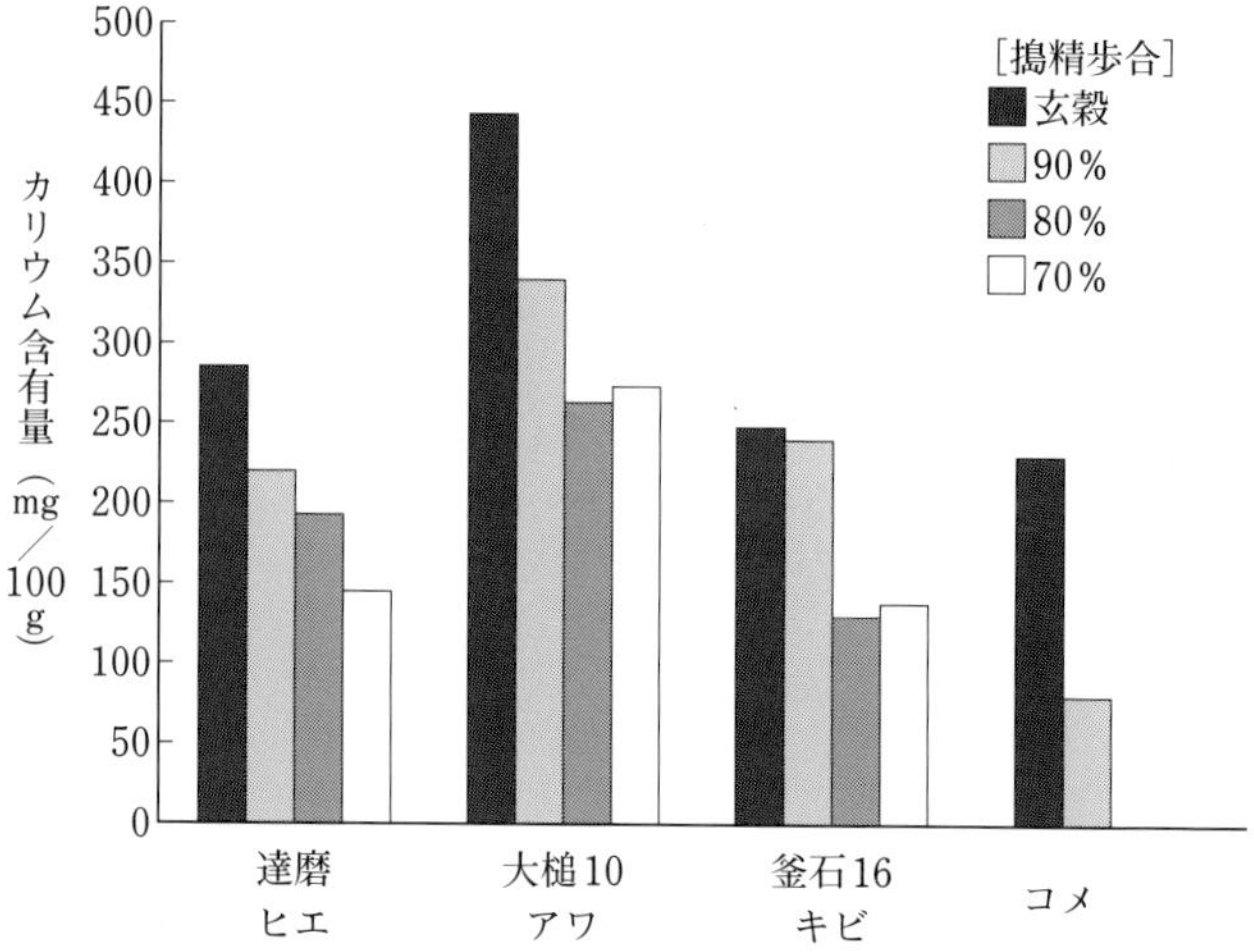

図2－12　搗精によるカリウムの減少程度（菊地　2003改写）

—12)。

精白して流通するのが一般的な雑穀だが、玄穀のまま活用することも含めて、搗精歩合には注意を払いたい。

2 雑穀が秘めた抗酸化能

体内に取り込んだ酸素の一部は活性酸素に変わるが、私たちの体には余剰分の活性酸素を処理するシステムが備わっている。しかし、処理しきれずに残った過剰な活性酸素は生体の構成成分を攻撃し、細胞のガン化や動脈硬化を引き起こし、老化にも関係することが知られている。この活性酸素を消去したり、生成を抑制したりするのが「抗酸化物質」である。その働きの大きさが「抗酸化能」で、雑穀にその活性が高いということで注目されている。

ヒエ、アワ、キビのなかでは、ヒエがもっとも抗酸化能が強い。しかしこの活性の高さは搗精歩合と関係しており、玄ヒエと精白したヒエとを比べた場合、搗精歩合九〇％で大きく減少し、その後、搗精歩合八〇％から六〇％まではなだらかに下がっていくことが明らかとなっている。

また、抗酸化能を表わす「ラジカル消去活性」は、炊飯しても玄ヒエのときと変わりはない（菊地二〇〇三）。アメリカ農務省が食品の抗酸化能評価に使用しているORAC法で、モチのヒエ、アワ、キビを測定すると、この三種の雑穀のなかでは、モチのヒエがもっともORAC値が高いことがわかった。また、玄ヒエは、搗精歩合七〇％（三〇％削る）の精白ヒエよりも三倍ほど高い（清水　二〇一二、表2―7）。したがって、ヒエ、アワ、キビの中で抗酸化能を重視する場合には、ヒエがもっとも優れ

表2－7　ヒエ，アワ，キビのモチ3品種のORAC値

（μmol TE/100gFW）

			H-ORAC	L-ORAC
ヒエ	長十郎もち	玄ヒエ	1260	1000
		精白	470	検出限界未満
アワ	大槌10	精白	330	検出限界未満
キビ	釜石16	精白	200	検出限界未満

注1）清水恒　2012，未発表

2）供試した精白粒は70％搗精（30％削る）し，ハンマーで粉砕した

3）H-ORACとは，水溶性画分，L-ORACとは脂溶性画分

ており、できれば精白ヒエよりも玄ヒエでの利用がよい。

ヒエの在来品種「黒稗」には、強力な抗酸化化合物である「N－（p－クロマイル）セロトニン」の

ほかにも、抗酸化能をもつ「ルテオリン」、「トリシン」の存在が明らかにされている（Watanabe 1999)。

ヒエ、アワ、キビは、コメに比べて多くの無機成分が豊富に含まれることから、その効果も期待できる。雑穀を日常食素材として定着させるためには、さらなる食品機能性研究と医学的な実証による科学的根拠の蓄積が必要である。

3 搗精歩合と品質

コメの糠層や胚部には、多量の脂質やタンパク質、灰分、ビタミン類などが含まれ、搗くことによって、栄養的には低下するが、食味は向上し消化率も高くなる（山本ら 一九九五）。また、コメは、粗タンパク含有量が多いと食味が低下し、糊化特性も食味に影響することが知られている。粗タンパク含有量も糊化特性もまた、搗精歩合の程度と深く関係している。一般に、ヒエ、アワ、キビは、コメと同じように搗精して、精白粒を利用することが多い。そこで、ヒエの搗精歩合と品質との関係を見てみよう。

① 搗精歩合と粒の色

雑穀をコメとブレンドして食べる場合には、精白粒の色が食味に影響を与えることから、搗精歩合と精白粒の色との関係をみることにする。

穀類の粒の色は色彩色差計で計ることができる。色彩色差計には、明度（L*）、黄味（b*）、赤味（a*）、彩度（c*）などがあるが、特に、食味に関係のある明るさを表わす明度と、食欲をそそるといわれている黄味について見てみよう（表2―8）。

ヒエ　明度は、「軽米在来（白）」と「長十郎もち」とも搗精歩合が低い（削る程度が大きい）と高く、明るい色調となる。黄味は、明度ほどの差はないが、「軽米在来（白）」は搗精歩合九〇％（一〇％削る）より七〇％と五〇％が高く、黄味が強くなる。しかし、「長十郎もち」ではあまり差がない。

明度は削るほど高まるが、黄味は搗精歩合七〇％と五〇％で大きな違いがないことから、粒色からみれば、搗精歩合七〇％（三〇％削る）のほうが合理的である。搗精歩合の違いによって、明度では二品種は同じ傾向を示したが、黄味では違う傾向を示したことになる。このことから、粒色に関しては、作る料理にあわせて品種ごとに最適な搗精歩留りを検討しなければならない。

アワ　明度は、「虎の尾」と「大槌10」の二品種

表２－８　搗精歩合と粒の明度と黄味

作物	搗精歩合	明度		黄味	
		軽米在来（白）	長十郎もち	軽米在来（白）	長十郎もち
ヒエ	90％	52.0	64.0	21.8	19.6
	70％	69.0	80.3	24.8	20.3
	50％	80.2	86.4	25.8	18.0
アワ		虎の尾	大槌 10	虎の尾	大槌 10
	90％	68.8	78.5	35.6	18.3
	70％	76.4	85.0	38.4	15.0
	50％	78.8	87.9	43.1	13.1
キビ		田老系	釜石 16	田老系	釜石 16
	90％	78.5	81.3	36.0	39.7
	70％	81.3	84.4	37.8	37.2
	50％	82.4	85.6	37.6	36.0

注 1）熊谷成子ら　2008a，2008b，2009a，2011 より作成
2）搗精歩合 90％，70％，50％とは，それぞれ 10％，30，50％削ることである
3）明度（L*）は，完全な白を 100 とし，完全な黒を 0 として，そのなかでどこに位置するかで評価する。黄味（b*）は＋が黄色の領域で，－は青色の領域を表わす

ともに削るほど高くなり、「大槌10」が「虎の尾」よりすべての搗精歩合で常に高い。黄味は、「虎の尾」のほうが「大槌10」よりかなり高い。「虎の尾」の黄味は削れば高くなるが、「大槌10」は逆に低くなる。

キビ　明度は、「田老系」も「釜石16」も、削るほど（搗精歩合が低くなる）明度は高くなるが、ヒエにくらべれば、明度の向上はそれほど大きくない。一方、「釜石16」は、削るほど黄色は低くなり、くすんだ色調となる。「田老系」は、搗精歩合七〇％（三〇％削る）の黄色が高い。

明度は、ヒエ、アワ、キビのモチ品種がウルチ品種より高く、そして、削るほど明るくなる。搗精歩合九〇％（一〇％削る）から七〇％（三〇％削る）による明度の向上が、搗精歩合七〇％から五〇％による向上より大きい。黄色は、ヒエとアワではウルチがモチよりも高く、特にアワでの違いが大きい。キビではウルチとモチとの間には大きな違いがない。モチのアワとキビの黄色は、削るにつれて低下する。

② 搗精歩合とアミロース含有量

コメのアミロース含有量は、炊飯米の粘りと密接

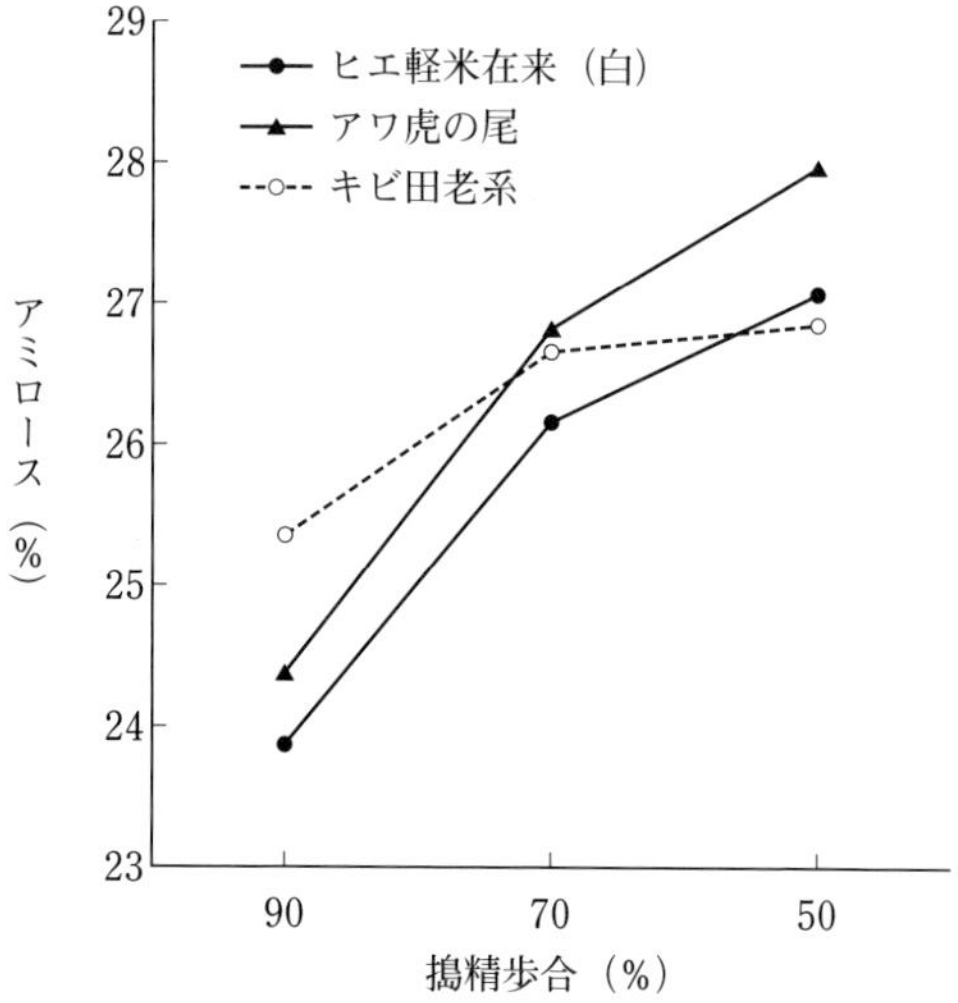

図2—13　搗精歩合とアミロース含有量（%）

な関係がある。アミロース含有量は品種による違いが大きいが、登熟気温にも影響される。アミロース含有量が数%違えば、食感に違いがでる。アミロース含有量が多いと、米飯が硬くなり、粘りが少なくなる。モチにはアミロースが含まれていないので、ヒエ、アワ、キビのウルチ品種についてだけ、アミロース含量を測定し、搗精歩合とアミロース含有量の関係を図2—13に示した。

ヒエ　図2—13に示すように、「軽米在来（白）」のアミロース含有量は、搗精歩合が低くなる（削る割合が大きくなる）につれて高くなる。「ノゲヒエ」も「軽米在来（白）」と同じであった。同じ搗精歩合における「軽米在来（白）」と「ノゲヒエ」を比較すると、低アミロース系統の「ノゲヒエ」は通常アミロース系統の「軽米在来（白）」の半分程度である。

アワ　「虎の尾」のアミロース含有量は、ヒエと同じように玄穀がもっとも低く、搗精歩合が低くなる（削る割合が大きくなる）とアミロース含有量が高くなる。

キビ　「田老系」のアミロース含有量は、削る割合が大きくなるにつれて、ヒエやアワと同じように、アミロース含有量は高くなる。

削ることによるアミロース含有量の高まりは、タンパク質を含む場合も除いた場合も同じ傾向であり、削ることによって穀粒内のデンプンの相対的割合が高くなることによる。ヒエとアワは似た推移パターンを描くが、キビは搗精歩合が七〇%から五〇%になっても、それほどアミロース含有量には変化がない点が異なる。ただし、粒を二〇%削るとアミロース含有量が一%ほど増加するが、食味に大きく影響するほどではない。

③　搗精歩合と粗タンパク含有量

粗タンパク含有量は、コメの場合は食味に影響する要因の一つである。高タンパク質であるほど、コメの吸水性が低下し、糊化、膨化が抑制され、炊き上がったご飯は、硬く、粘りが少なくなるからである。粗タンパク含有量は、食味に大きく影響することから、雑穀ではどうなのか、ヒエを素材に調べてみた。

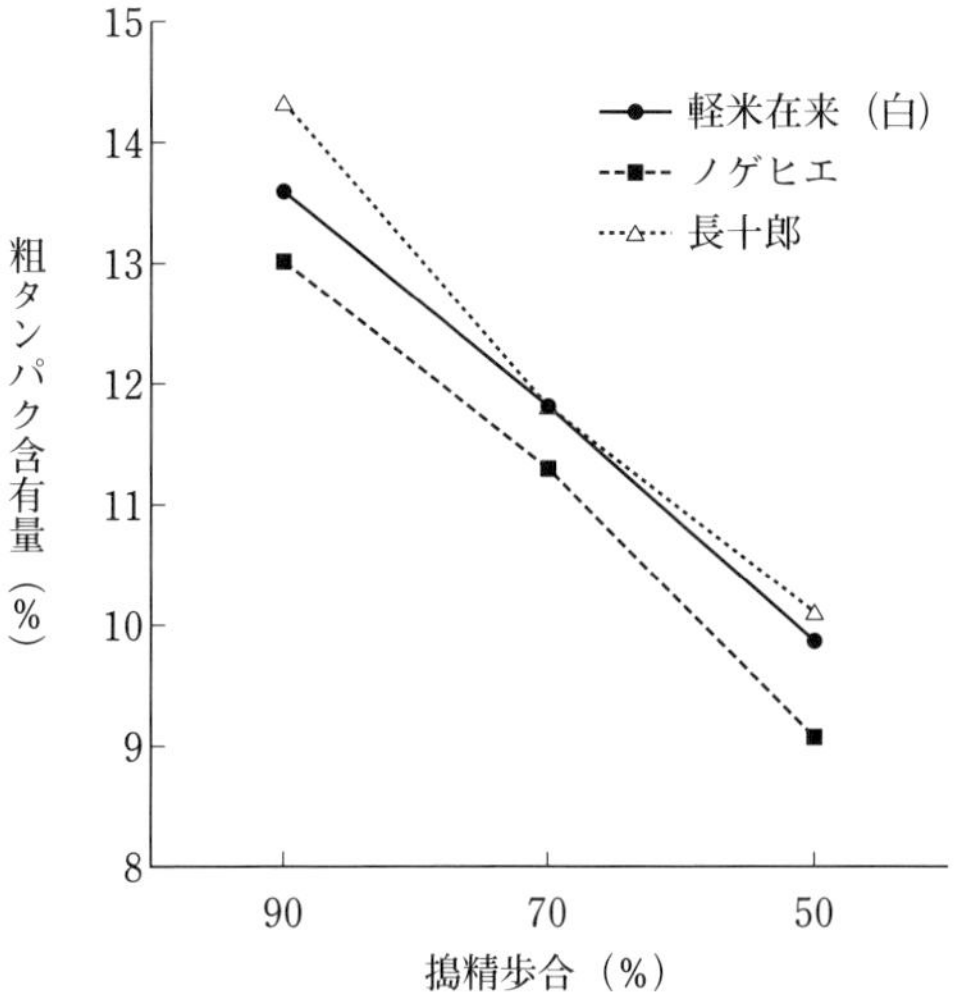

図2－14　搗精歩合と粗タンパク含有量との関係

「軽米在来（白）」と「ノゲヒエ」と「長十郎もち」の三品種を用い、搗精歩合と粗タンパク含有率の関係を図2―14に示す。いずれの品種とも、搗精歩合が低い（削る程度が大きい）ほど粗タンパク含有量は低下する。同じ搗精歩合の三品種を比較すると、どの搗精歩合においても「ノゲヒエ」が一番低い。

④　搗精歩合と糊化特性

穀類などに含まれているデンプンの特徴を知るための指標となるのが「糊化特性」である。

糊化特性を調べるには、コメやコムギの粉に水あるいは硝酸銀溶液を加えて、徐々に加熱しながら攪拌羽で攪拌する。攪拌して羽根にかかる抵抗力をグラフ化して、その描くカーブから、作物や品種の糊化の特徴を知ることができる。加熱温度が九四℃のときの粘度を最高粘度（MV）として、最高粘度に達した後に、加熱を止めると、粘度は低下し始め、もっとも粘度が下がった値が最低粘度（H）となる。その後、粘度が再び上がりだして最終粘度（FV、糊化したデンプン粒が老化した値）に達する（図2―15）。

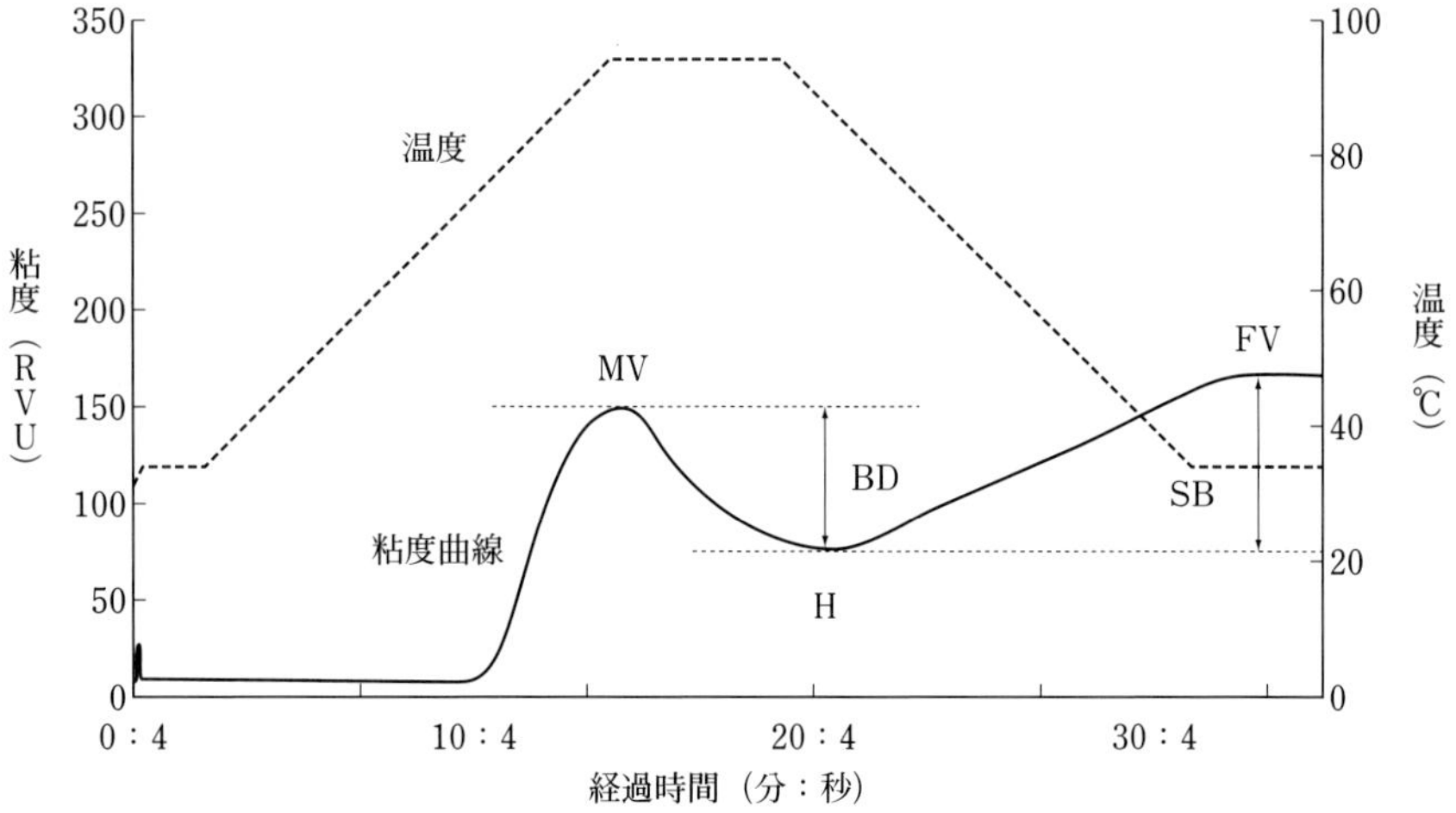

図2−15　ラピットビスコアナライザーによる粘度曲線
MVは最高粘度，Holdは最低粘度，FVは最終粘度，BDはブレイクダウン，SBはセットバックを示す

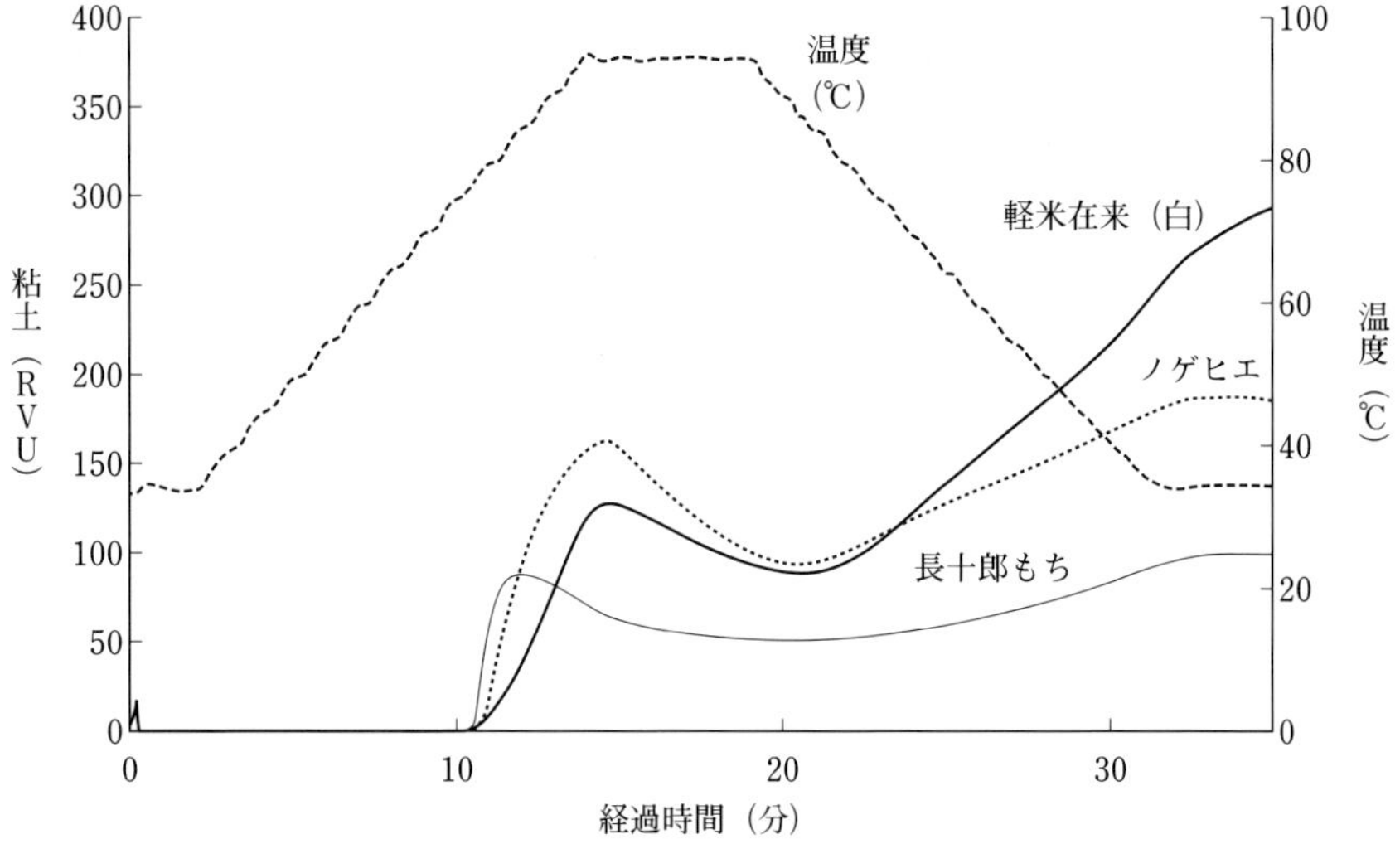

図2−16　水を分散媒とした糊化特性（2008年）
熊谷ら　2009bより作図

コメの場合、最高粘度やブレークダウン（BD＝MV−H）の値が大きいと食味がよいとされ、セットバック値（SB＝FV−H）および最終粘度（FV）の値が低いとデンプンの老化が遅く、冷えても硬くなりにくいという。では、雑穀の場合はどのような糊化特性を示すのか、調べてみた。

ヒエ　糊化実験には、ウルチの「軽米在来（白）」、低アミロースの「ノゲヒエ」、モチの「長十郎もち」の三品種で、搗精歩合七〇％の粉を用いた。その結果が図2―16である。

最高粘度は低アミロース性の「ノゲヒエ」が一番高く、次いでウルチ性の「軽米在来（白）」となり、粘るはずのモチ性の「長十郎もち」がもっとも低い。意外な結果に驚かれたかもしれない。実は、このようなモチの最高粘度が低いことはコメ、コムギでも同じようにみられることである。そこで、精白粉に、水の替わりに硝酸銀溶液を加えて酵素活性を止め、同じ実験を行なってみた。そうすると、「長十郎もち」の最高粘度は「ノゲヒエ」と変わらなくなる。このことは、「長十郎もち」はモチコメと同じように、デンプンを分解する酵素であるα‐アミラーゼ活性が高いことを示している。「軽米在来（白）」と「ノゲヒエ」は搗精歩合が低い（削る）と、最高粘度が高くなるが、「長十郎もち」では変わらなかった。

「長十郎もち」は、糊化開始温度を除いて、すべての特性値で「軽米在来（白）」や「ノゲヒエ」とは異なる傾向を示した。「ノゲヒエ」は最高粘度が高く、ブレークダウンが大きく、セットバックや最終粘度小さいことから、「軽米在来（白）」と比べると、食味が優れていることがわかる。

アワ　糊化実験に用いたのは、「虎の尾」と「大槌10」の二品種である。

「虎の尾」の糊化特性のうち、搗精歩合七〇％の最高粘度、最低粘度、最終粘度は、搗精歩合五〇％や搗精歩合九〇％にくらべて高い（表2―9）。また、セットバック値（FV−H）は、削るほどに大きくなることから、冷めた時は硬さを増すことを示している。

「大槌10」は、搗精歩合九〇％と搗精歩合七〇％の糊化特性値が、同じような傾向を示したが、搗精歩合五〇％では最高粘度、最低粘度が小さな値となる。

キビ　糊化実験に用いたのは、「田老系」と「釜石16」の二品種である。「田老系」の搗精歩留ま

表2－9　搗精歩合とその粉の糊化特性

作物	品種	搗精歩合	糊化開始温度	最高粘度 MV	最低粘度 H	最終粘度 FV	ブレークダウン	セットバック
		%	℃	RVU	RVU	RVU	RVU	RVU
ヒエ	軽米在来（白）	90	78.1	116.6	80.3	265.4	36.3	185.1
		70	74.6	127.3	86.3	290.2	41.0	203.9
		50	74.8	131.0	87.0	297.9	44.0	210.9
	ノゲヒエ	90	79.0	138.9	74.4	163.9	64.5	89.6
		70	76.4	161.7	91.5	182.8	70.2	91.3
		50	75.7	174.2	100.2	194.6	74.0	94.4
	長十郎もち	90	79.1	88.1	50.5	94.3	37.6	43.8
		70	75.1	87.0	46.7	94.6	40.4	48.0
		50	75.0	86.3	48.0	95.6	38.3	47.6
アワ	虎の尾	90	75.4	200.7	113.6	404.7	87.1	291.1
		70	74.3	238.5	129.9	537.0	108.5	407.1
		50	71.6	231.8	87.3	518.2	144.5	430.9
	大槌10	90	74.6	114.4	56.7	120.0	57.8	63.4
		70	74.5	105.5	56.5	120.9	49.0	64.3
		50	－	15.9	12.3	49.8	3.6	37.5
キビ	田老系	90	75.3	357.5	121.1	433.0	236.4	311.8
		70	74.3	313.6	93.1	373.5	220.5	280.3
		50	74.1	357.5	122.1	446.7	235.5	324.7
	釜石16	90	72.8	62.3	45.8	102.4	16.5	56.6
		70	－	－	－	－	－	－
		50	73.4	73.5	17.4	61.9	56.1	44.5

注1）熊谷成子ら　2008a，2008b，2011から作成
2）ブレークダウンとはデンプン粒の崩れやすさを示す指標でMV－Hにより求める。セットバックは老化の度合いを示す指標でF-Hにより求める

り七〇％の最高粘度、最低粘度、最終粘度とセットバック値（FV−H）は、ほかの搗精歩合よりも小さい（表2—9）。

⑤ もっとも合理的な搗精歩合は七〇％

ここまでミネラル成分含量、抗酸化機能、外観品質、糊化特性、アミロース含有率、タンパク含有率などを見てきたが、搗精歩合によってその性質が大きく変化する。それらの結果をまとめると次のようになる。

ヒエ、アワ、キビのミネラルやポリフェノールは外層に多く含まれ、搗精歩合を低くする（よく削る）と、ミネラル含有量が低下してしまう。精白粒の色の明度や黄色の程度は、品種や搗精歩合によって異なるため、品種にあわせた対応が求められる

ことも明らかになった。また、糊化特性、アミロース含有率、タンパク含有率も、搗精歩合によって明らかに異なる。

これらの諸点を総合すると、見た目、粘り、有効成分や削ることによる損失を考え合わせたとき、搗精歩合は七〇%がよいと思われる。ただし、搗精歩合による諸性質の変化の違いを把握したうえで、それらの特性を活かした利用法を考えていく必要がある。

4 雑穀の精白法と調理・料理

1 伝統的精白法

ヒエ、アワ、キビは収穫して、脱穀をしてもそのままでは食べられない。農具や機械を使って、籾をむいて（脱ぷ、籾摺り）玄穀とし、ふつうは、さらに精白してから食べることが多い。

一般的なヒエの脱ぷ・精白法については、ヒエの調製の項（102ページ）でふれるが、ここでは、昔よく使われた伝統的な「黒蒸法」と「白干法」、「白蒸し法」について、簡単にふれておく（大野一九九六）。

① 黒蒸し法

「黒蒸し法」は、収穫した雑穀を、籾をつけたまま二昼夜も水に浸けて十分に吸水させた後、そのまま蒸し上げてから乾燥させる。その後、水車などで搗いて脱ぷ作業を行なう。

「黒蒸し法」は水に浸けるので、「白干し法」、「白蒸し法」よりも脱ぷ作業がやりやすい利点がある。その後、水車などで搗くが、「黒蒸し法」は籾をつけたままなので砕けにくい。また、途中で糠を取り除くと精白時間を短縮できる。その理由は、現在の無洗米の技術と同じで、籾殻が、搗粉と粒の砕けを防ぐ役割を果たすからである。

また、長時間水に浸けることで、すでに発芽の準備が始まっており、その意味からは、発芽玄米の原型でもある。当時は、水に浸けて後に天日乾燥することが多かったため、雨の日や冬季には適さない方

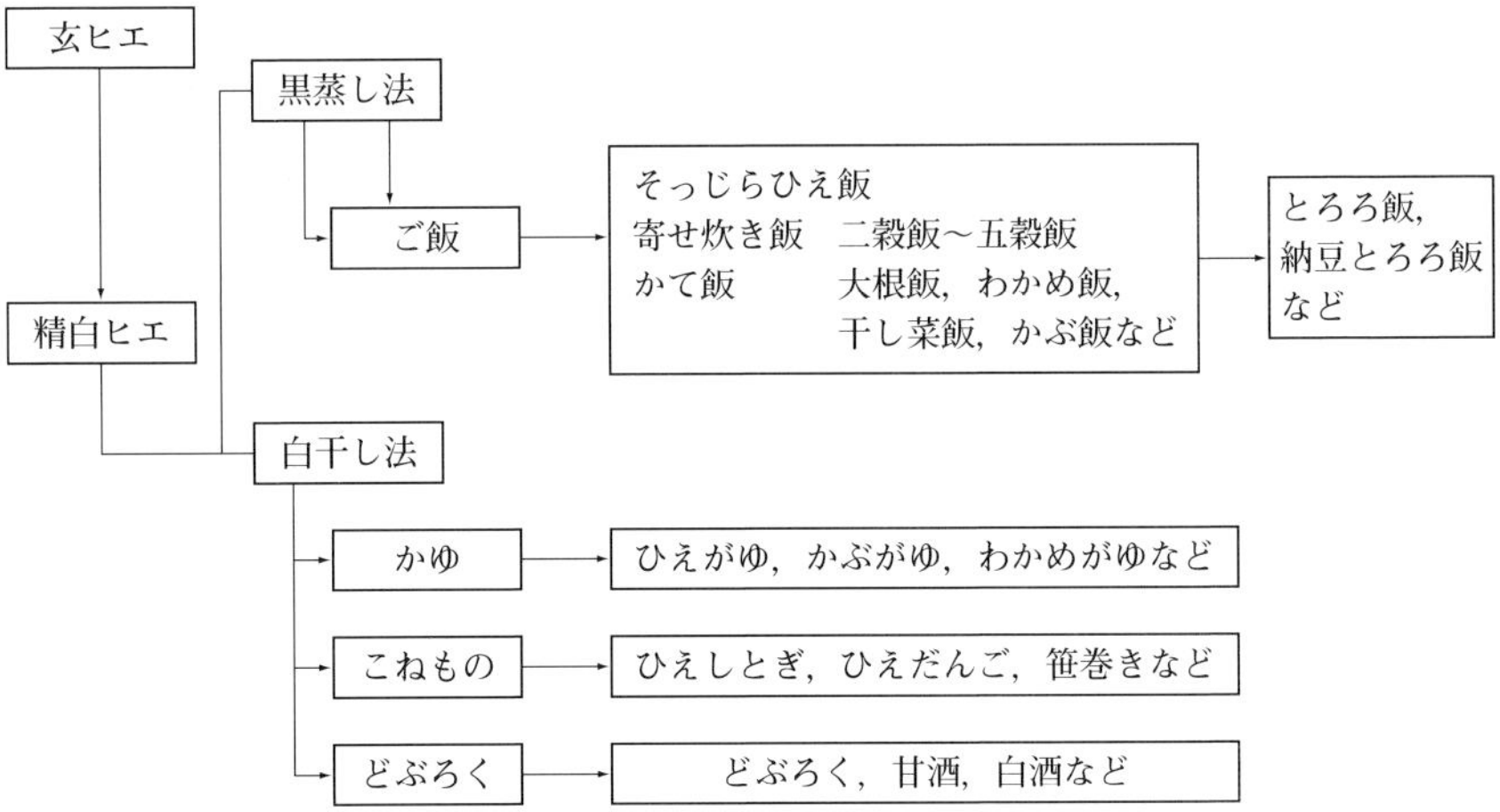

図2－17　精白方法と調理（『岩手の食事』　1988などを元に作図）

法である。

「黒蒸し法」で仕上げた穀粒は、虫が付きにくく、搗き減りが少ないが、精白した粒が黒く、匂いがあり、味の好みは分かれる。

②白蒸し法

「白蒸し法」は、籾を水に浸けることはせずに、そのまま蒸煮する。十分に吸水していないため、脱ぷは「黒蒸し法」より劣るが、後述する「白干し法」よりも勝る。「白蒸し法」の穀粒は砕けやすいので、途中の糠取りは行なわない。精白後の粒は黄白色である。

③白干し法

「白干し法」は、穀粒を乾燥させ、水に浸けたり蒸したりしないで、いきなり精白する方法である。そのため、精白歩留まりはやや劣るが、精白粒の外観は白く、味にはクセがない。ただし、長期の貯蔵には適さない。

収穫・選別後に籾摺り機で脱ぷし、搗精機で精白を行なう現在の方法は、雑穀の「白干し法」と全く同じである。

昔は、そうした「黒蒸し法」、「白蒸し法」、「白干し法」といった脱ぷ・精白のやり方にあわせて、独自の調理がなされていたようである（図2―17）。

2 ブレンドが中心だった雑穀の調理

雑穀には、粒のままで食べる粒食と、粒を製粉して粉として食べる方法がある。一般に、ヒエ、アワ、キビでは粒食とすることが多い。

調理法としは、蒸したり、焼いたり、揚げたり、あるいは醸造したり、少しでも美味しく食べられるように工夫している（表2―10）。

ヒエなどの雑穀は、コメの消費を減らすための穀物とされていたため（コメカバイ＝米をかばうの意）、伝統的な食べ方は、増量したご飯（カテメシ）の代表例として、アワ、ヒエ、コメ、ムギ、トウモロコシなどの穀類とダイコン、サツマイモ、カブなどと一緒に炊くことが多い（混炊、寄せ炊き）。二種類の穀類を混ぜて炊いた飯を二穀飯、三種類の穀類を混ぜて炊いた飯を三穀飯と呼んだ。

代表的な食べ物を紹介すると、ひえとろろ（ヒエをコメやアワなどとブレンドして炊き、とろろをかけて食べる）、ひえがゆ（精白したヒエと水を鉄なべに入れ、いろりで弱火で半日ほど煮てかゆ状にし、塩を入れて食べる）、二穀飯（～多穀飯。アワ、アズキ、ササギ、コメ、ダイズ、オオムギとのブレンド）、

表2－10　粒および粉による様々な調理法と料理

調理法	粒	粉
炊く・蒸す	とろろ飯（ヒエ，アワ），かゆ，いかめし，二穀飯など，強飯，炒め飯，アワもちてんぽ，キビだんご	笹巻き，だんご，うどん，シンプルケーキ，ヌガーガーバー，もちキビしぐれ，ヒエ粉キャラメル
焼く	焼き菓子，ひえ餃子，ポン菓子	しとぎ，せんべい，パン，クッキー，クラッカー，クレープ
揚げる	せんべい	アワ粉げパイ，もちひえドーナツ，かりんとう
飲料・その他	焼酎，ひえ酒，どぶろく，水飴，味噌，ヒエ・アワ・キビ甘酒，雑穀甘酒アイスクリームなど	

（柏　2006，ゆみこ　2010より作表）

笹巻き（粉にし、茶碗三杯に茶碗六分目の水を加えて練り、小さな卵の大きさにまるめ、笹の葉三枚で包み、イグサで結んで、熱湯で一〇〜一五分ゆでる）、しとぎ（白干しヒエの粉を水で耳たぶより少し固めに練り、直径七〜九cm、厚さ一cmほどの小判形にまとめ、炭火であぶって表面を乾かし、さらにいろりの灰の中に入れて焼く）、などがある。

「黒蒸し法」で精白されたヒエは、前述したように貯蔵性に優れているため、多種類の穀物などと混ぜて炊く材料として利用された。「白干し法」で精白されたヒエは粒色が白いため、粥や粉にして、しとぎのような捏ねもの（ヒエの粉を水で練って焼いて餅のようにして食べる）に加工された。祭事などには砕け粒を用いてひえ酒（ピヤパトノト）、濁り酒、どぶろく、甘酒などを醸造し、ヒエ味噌も作られていた。

やや手をかけて調理し、比較的雑穀の形がわかるような料理としては、焼き菓子、強飯、だんごなどがあげられる。さらに、手をかけて、炊く、蒸す、揚げる、醸造することによって、雑穀のアイデンティティーはかすんでしまう料理もある。最近では、広く雑穀の良さを広めるために、子どもや若い女性に好まれるように、味付けや形に工夫した創作料理も提案されている（柏　二〇〇六、ゆみこ二〇一〇、柴田　二〇一三）。

3　ヒエとコメのブレンドの条件

ヒエなどをコメと混ぜて電気釜で炊くときは、数時間水に浸けて十分にコメやヒエなどに吸水させた後に水を切り、指示された水を加えてから炊く。一般に、雑穀をコメに混ぜて炊く場合には、加水量はコメの加水量だけで炊ける。

アミロース含有量の異なるヒエの品種で調べたところ、コメの標準加水量だけで炊けるヒエの量は、低アミロース品種やモチ性品種では、コメ重量（三〇〇g）に対してヒエの割合が三〇％（九〇g）までであった。ウルチ性のヒエの場合には、三〇％以下であった。それ以上の配合割合になると、粘りや硬さが明らかに劣り、一般には食べられない。

ヒエ単独で炊飯する場合には、低アミロース系統では加水量がヒエ重量の一〇〇％（ヒエ三〇〇g、加水量三〇〇cc）、モチ性品種では七〇％（ヒエ三〇〇g、加水量二一〇cc）で美味しく炊ける。ウルチ性品種だけで炊飯する場合は、ヒエ重量の一・五倍の加水量でも軟らかくはならない。さらに加水量を多くすると粥になる。

4 餅の作り方

モチ性ヒエ、アワ、キビを、電気餅つき器でコメの餅と同じように餅を作ることができる。ヒエ「長十郎もち」、アワ「大槌10」、キビ「釜石16」での作り方を紹介しよう。

半日ほど水に浸け、十分に吸水させる。その後、水を切り、電気餅つき器のマニュアルにしたがって

写真2－2　モチ性の雑穀を使った鏡餅
下段はヒエ，中段はアワ，上段はキビ

蒸し水を加え、蒸し上げてから搗く。

モチ米「ヒメノモチ」と比べると、餅の色は、ヒエやアワはくすんだ灰黄色、キビは鮮やかな黄色になる。また、搗きたて直後は、コメの餅にくらべて、ヒエ、アワ、キビの餅はややダレる。なかでも、キビのダレ方はより顕著である。蒸し水を五％減らすと、生地にツブツブ感が残るが、生地のダレは改善される。

餅を搗いた後の硬くなるスピードだが、ヒエ、アワ、キビは半日で硬くなり、コメの餅よりも硬くなるスピードが速い（写真2―2）。

5 コメとブレンドしたヒエ、アワ、キビの食味

① 雑穀に関する意向調査から

雑穀に関する意向調査を、岩手県の非農家約一〇〇名を対象に行なった。雑穀に対する関心は高く、回答者の九一％が「関心あり」と答えている。雑穀を「食べる」と答えた人たちの理由は、「健康によい、健康によさそう」（七〇％）、「美味しい」（二〇％）であった。

ヒエ、アワ、キビの好みでは、キビ（四七％）、アワ（三一％）、ヒエ（一三％）の順であった。「食べない」と答えた人たち（七％）の理由のなかには、「若いころに嫌になるほど食べた」という回答があった。「体によい（よさそう）、値段は高いが食べてみたい」と認識されていることが明らかになった。もし、同様な調査を大都市圏で行なえば、さらに雑穀の評価は高くなると思われる。

②コメと雑穀をブレンドして炊いたご飯の食べ比べ

ヒエ・キビ・アワの三作物・七品種を用い、コメ重量の五％、一〇％、二〇％のブレンド割合で食味試験を行なってみた（熊谷　二〇一〇）。

七品種・系統とも、配合割合がコメ重量の五％では、粒色が黄色なので目立つキビ以外では、雑穀の存在感はなく、二〇％ではモチ性品種は粘りすぎた。コメ重量の五％、一〇％、二〇％のブレンド割合のなかでは、一〇％ブレンド割合がもっともよいという結果となった。

そこで、アミロース含有量の違う雑穀を、コメ重量の一〇％ブレンドとして、食味試験を行なってみた。今回は、炊飯直後と冷めてからの二回食べ比べてもらい、時間経過と食味の関係も考えた試験とした。

その結果が表2―11である。炊飯直後では、ウルチのキビ以外のヒエ、アワ、キビの評価は、コメ「あきたこまち」だけで炊飯した評価と大きな違いはなかった。ただし、どの雑穀でも、モチがウルチよりも「粘り」と「硬さ」で評価は高い。冷めると、「粘り」と「硬さ」の項目で、評価の差がさらに大きくなる。

冷めたときの総合評価では、モチヒエ（長十郎もち）、モチキビ（釜石16）、モチアワ（大槌10）、低アミロースヒエ（ノゲヒエ）、ウルチの順になった。

粒が大きく粒色が黄色で、コメ（ご飯）に混ぜたときに存在感があるキビの評価は高い。アワでは、粒色が黄色のウルチの「虎の尾」が、モチの「大槌10」より粘りや硬さでは劣るものの、見た目が優れ、総合的な評価は同等である。粒色のきれいさや粘りが食味を大きく左右し、モチ性の雑穀は、炊きたてより冷めてからの食味が好まれるようである。

これまでヒエにはモチ品種が存在しなかったため、ウルチのヒエとモチのアワやキビとの食べ比べから、「雑穀のなかでも、ヒエはまずい」といわれ

表２－11　コメにヒエ，アワ，キビ品種を10％ブレンドして炊いたご飯の食味評価
（パネラー20人）

〈炊飯直後〉

作目	コメ	ヒエ			アワ		キビ	
品種・系統	あきたこまち	軽米在来	ノゲヒエ	長十郎もち	虎の尾	大槌10	田老系	釜石16
ウルチ／モチ	ウルチ	ウルチ	低アミロース	モチ	ウルチ	モチ	ウルチ	モチ
%	100	10	10	10	10	10	10	10
見た目	3.0	2.8	2.7	3.0	2.9	2.1	3.0	3.0
香り	3.0	2.7	2.8	2.9	2.8	2.8	2.6	2.9
粘り	3.0	2.5	2.8	2.8	2.6	2.9	2.2	2.8
硬さ	3.0	2.8	2.7	2.7	2.5	3.0	2.1	2.8
総合	3.0	2.7	2.6	2.6	2.5	2.7	2.2	2.8
平均	3.0	2.7	2.7	2.8	2.6	2.7	2.4	2.9

〈冷却後〉

作物	コメ	ヒエ			アワ		キビ	
品種・系統	あきたこまち	軽米在来	ノゲヒエ	長十郎もち	虎の尾	大槌10	田老系	釜石16
ウルチ／モチ	ウルチ	ウルチ	低アミロース	モチ	ウルチ	モチ	ウルチ	モチ
%	100	10	10	10	10	10	10	10
見た目	3.0	2.6	2.6	2.9	2.7	2.3	2.6	2.9
香り	3.0	2.9	2.8	3.0	2.8	2.8	2.6	2.9
粘り	3.0	2.1	2.7	3.1	2.1	2.9	2.2	3.0
硬さ	3.0	2.2	2.8	3.3	2.3	3.2	2.3	3.2
総合	3.0	2.3	2.6	3.2	2.3	2.7	2.3	3.0
平均	3.0	2.4	2.7	3.1	2.4	2.8	2.4	3.0

注）調査法：コメは「あきたこまち」だけで炊飯した各項目を3.0点として，各項目で「あきたこまち」に比べて明らかに良い場合には５点，劣る場合には１点とする。各パネラーの評点を合計し，平均を算出する（熊谷ら　2010）

てきた。同じモチ同士で比べると、ヒエはアワやキビと同じ評価を得た。

冷めた状態での評価では、モチ性ヒエ、アワ、キビ品種が「コメ（あきたこまち）」一〇〇％と同等の評価を得た。冷めてから食べる弁当のご飯やおにぎりには、モチ系を用いるとよい。粒色が黄色で食欲をそそるキビやアワが入っていることで、より美味しく見え、健康食として雑穀のイメージがいっそうプラスに作用すると思われる。

5 未来を拓く新品種たち

1 着眼点は「粘り」と「作りやすさ」

現在栽培されているヒエ、アワ、キビのほとんどは、在来品種をそのまま利用している。しかし、在来品種の多くは、長稈で倒伏しやすい、熟期が遅い、収量性や栽培特性が劣るなど、改善しなければならない特性が多い。

食味に関してみると、ヒエ、アワ、キビのなかで、ヒエはもっとも不味いといわれている。その大きな理由は、ヒエにはモチ性がないことに起因している。コムギにもモチはなかったが一九九五にモチコムギが開発された（Nakamura *et al.* 1995）。ヒエは、コムギと同じ異質六倍体である。そこで、コムギのモチ化の考え方を参考にして、ヒエのモチ化に取り組んだ。また、低アミロース在来品種の早生化、短稈化にも取り組んだ。そうして育成された品種が、世界初のモチ性ヒエである「長十郎もち」（Hoshino *et al.* 2010）と、短稈の「なんぶもちもち」である。

2 世界初となるモチ性ヒエ「長十郎もち」の誕生

ヒエにはモチ性が存在しないため、食感がポロポロしてヒエだけでは美味しく食べることができないだけでなく、コメとの混合炊飯でも食味が低下する。そこで、ヒエ在来遺伝資源一五〇系統を栽培し、すべての系統について「食べたときに、粘らない元凶であるアミロース含量」を測定した（アミロース含量が少ないと粘る）。これまでわかっていたアミロース含量の低い二品種（稗糯《ひえもち》、もじゃっぺ）と、新たに二品種（阿仁《あに》、ノゲヒエ）が見つかった。これら四系統は、出穂期、草型、稈長、穂型、ノゲの多さ、多収性などの農業特性はきわめて類似している。

コムギでアミロース含量の低い品種は、ウルチ／モチを支配している三つの遺伝子のうち、二遺伝子がモチになっている。アミロース含量の低いヒエの系統が、コムギと同じように、「三遺伝子のうち、二遺伝子がモチになっている」のであれば、「残り一つのウルチ遺伝子をモチに変えればモチのヒエができるはず」である。「残り一つのウルチの遺伝子をモチに変える方法」は、コムギのように各ゲノムに座乗しているウルチ／モチ遺伝子が明らかになっていれば、交配によってモチヒエ育成は可能である。しかし、ヒエは全く未解明であったので、少数遺伝子を変えるのに有効な突然変異育種法を用いた。

四〇〇グレイと五〇〇グレイのガンマ線を照射した。そうして稔った、合わせて一万六〇〇〇粒を一〇aの圃場に播種してみた。約半数が発芽し、外見上、正常に生育した約二五〇〇株のすべての株から、株当たり五粒ずつ採取した。ヒエの粒は、コメの約一〇分の一の大きさしかない。一粒ずつピンセットではさんでカッターナイフで半裁し、ヨード液に浸し、「ウルチ／モチ」を判定した。五粒すべてが、ヨード液でモチを示す「オレンジ色」を示した一株が見つかった。さらに、アミロースが含まれていないことや、電気泳動でウルチ性タンパクがないことを確認し、モチであることがはっきりした。

次に明らかにしなければならないのは、モチ性が次世代に遺伝することの確認である。翌年にこの株の穀粒（種子）で苗を作り、周囲をイネでぐるりと囲んで、ヒエのウルチ花粉の混入の心配をなくした水田（五〇〇m^2）に、モチ性ヒエを移植した。そうして収穫後に、前年同様に粒を採取し、ヨード液でモチであることを確認した。これで、モチ性は次世代に遺伝することがはっきりしたわけだ。

さらに、収穫したヒエを精白し、電気餅つき器で餅を搗いてみた。74ページの写真のように、ヒエであってもコメの餅と同じように餅ができた（写真2—3）。この品種の親の「ノゲヒエ」は低アミロースではあるが、モチではないので、写真のような餅はできない（写真2—4）。このことからも、選抜したヒエが従来の品種とは明らかに異なることを確認することができた。

品種として登録するに、モチ性だけでなく、農業特性、収量性や栽培性、デンプン特性を確認した。こうした作業を経てモチ性デンプンをもっている固定種として確認されたため雑穀翁小野寺長十郎さんの「長十郎」をいただき「長十郎もち」と命名し、二〇一二年二月二九日付けで、品種登録された（品種登録出願の番号：第二一四九五号）。

写真2－4　低アミロース「ノゲヒエ」では餅にならない

写真2－3　「長十郎もち」だとコメ同様の餅ができる

ただし、モチ性の「長十郎もち」にウルチ性の花粉が交配するとウルチ化するので、ウルチのヒエ品種とは離して栽培し、収穫・調製などでも、ウルチ粒の混入がないように細心の注意が必要である。

3　短稈のモチ性ヒエ「なんぶもちもち」

世界初のモチ性品種となった「長十郎もち」にも弱点があった。稈長は畑で一七〇cm以上、水田で二m近くなるため、登熟中～後期の強風雨で倒伏することもあるからである。そのため、密植・多肥栽培による多収化は望めない。農家の人からは倒伏に強く、バインダで収穫できる、背丈の短いモチ品種の育成が要望されていた。そこで、モチ性で、より短稈のモチ品種の育成に取り組むことにした。

手法は、「長十郎もち」を育成したガンマ線照射による突然変異育種とした。独立行政法人農業生物資源研究所放射線育種場で、四〇〇グレイのガンマ線照射を行なった。二〇〇七年一～三月に沖縄県石垣市の農家に依頼し、一万五〇〇〇粒を播種（M1）してもらった。約八〇〇〇個体が稔実し、そのうち充実のよい五〇〇三個体を次年度用に種子（M2）に

表2－12 ヒエ新品種の収量試験（2012 試験）

	ノゲヒエ	長十郎もち	なんぶもちもち	ゆめさきよ	軽米在米
出穂期（月／日）	8/13	8/13	8/13	8/2	8/3
稈長（cm）	187.4	191.3	139.4	151.4	164.2
穂長（cm）	16.2	16.7	14.2	15.5	15.7
葉数（枚）	19.3	19.4	18.9	17.6	17.2
籾重（kg/10a）	419.8	431.3	255.1	213.2	258.9
玄ヒエ重(kg/10a)	278.5	285.6	171.4	149.2	170.9
穂数（本／m2）	42.8	47.6	41.9	45.7	48.6
倒伏	やや弱	やや弱	やや強	中	中
脱粒性	中	中	中	中	やや易

注1）ウネ間70cm，株間10cm，1粒／株の点播栽培
2）軽米在来（白）とゆめさきよは鳥害による減収

した。モチ性を確認しながら、二〇一二年まで短稈系統の選抜・固定、収量試験などを行なった。

そのなかの一系統「岩大4号」は、親より五〇cm短い、モチ性の固定種であった。「なんぶもちもち」と命名し、品種登録を行なった（品種登録出願の番号：第二七八八二号、品種登録出願の月日平成二五年二月一四日）（写真2―5）。

ウネ間七〇cm、株間一〇cmに一粒播きでは、「なんぶもちもち」は親の「長十郎もち」より明らかに低収である（表2―12）。しかし、一般に行なわれている条播栽培（播種量三〇〇～五〇〇g／一〇a）の場合、「長十郎もち」だと伸びすぎて倒伏することもあるが、短稈の「なんぶもちもち」は倒伏することなく、三〇〇kg／一〇a近い収量を上げることができる（表3―8参照）。

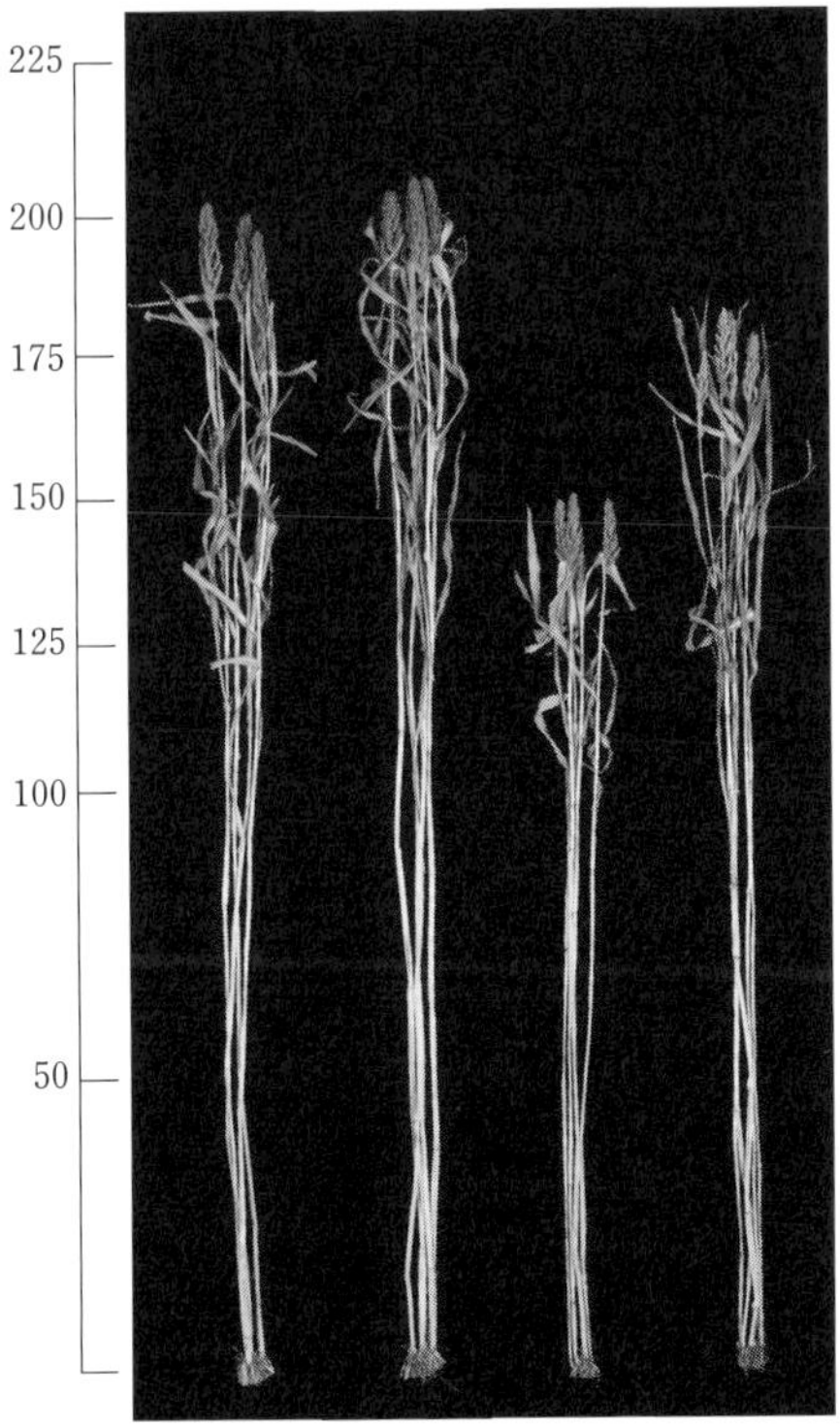

写真2－5 短稈に改良したモチ性ヒエ「なんぶもちもち」
左からノゲヒエ、長十郎もち、なんぶもちもち、軽米在来(白)

4 低アミロースの早生「ゆめさきよ」

「長十郎もち」に続いて育成されたのが、親の「ノゲヒエ」よりも短稈で早生の低アミロース性品種「ゆめさきよ」である。これまで低アミロース性の在来品種は、いずれも稈長が一六〇～一八〇cmほどになる。農家からは、短稈で秋の低温年でも登熟する早生品種が要望されていた。そこで、「ノゲヒエ」の「粘る」性質をそのままにして、短稈化に取り組んだのである。

モチ性に変異した「長十郎もち」と兄弟系統のなかから、短稈で早生の個体を選抜し、収量試験などを行なって育成したのが「ゆめさきよ」である。親と比べると収量はやや劣るが（坪刈り玄ヒエ収量二〇〇kg／一〇a）、稈長が三〇cm短稈で、一週間早生の特性をもつ。

「ゆめさきよ」をコメと混合炊飯すると、岩手県で広く栽培されているヒエ品種「達磨」と混合炊飯したときよりも、食味が明らかに改善される。これまでの長稈の低アミロース系統と違い、短稈で早生なので、地力のある水田でも倒伏の心配が少なく、また、岩手県県北地方のような秋冷の早い地域でも栽培ができる魅力をもっていた。そのため、この低アミロース新品種が農家の人たちに夢をもたらしてくれることを願い、また若者らの雑穀の先生でもあった関口サキヨおばあちゃん（158ページ参照）への感謝を込めて、「ゆめさきよ」の名を付して品種登録（出願の番号：第二四八五五号、登録出願の月日二〇一〇年五月六日）を行なった。

一般に、水田での栽培は畑よりも長稈になるので、やや疎植とする（表2―13）。低アミロース性なので、出穂期が同じようなウルチ性ヒエとは離して栽培する。

表2－13　畑直播栽培と水田移植栽培での「ゆめさきよ」の農業特性

試験場所	圃場	栽培方法	稈長 (cm)	穂長 (cm)	穂数 (本/m^2)	玄ヒエ重 (kg/10a)	千粒重 (g/1000粒)	倒伏
畑	岩手県滝沢農場	点播	126.2	15.9	56.7	222.0	2.92	無
水田	花巻市	移植	161.6	17.5	73.3	247.7	2.52	少

出典：佐川ら　2011

雑穀「ウルチ」と「モチ」の秘密

中村俊樹（農研機構東北農業研究センター）

●雑穀の「ウルチ」と「モチ」

アワ、キビ、ヒエには「ウルチ」と「モチ」があり、ウルチはデンプンの中にアミロースをもつが、モチはアミロースがない。アミロースは、顆粒結合型デンプン合成酵素という酵素によって作られる。この酵素は、*waxy*（ワキシー）遺伝子によって作りだされ、別にWxタンパク質と呼ばれる。*waxy* 遺伝子座は、アワは一個、キビは二個、ヒエは三個存在し、結果的にWxタンパク質がそれぞれ一、二、三個存在することになる。少数の例外を除いて「ウルチ」にはWxタンパク質は存在するが、「モチ」には存在しない。だから「モチ」ではアミロースが作られないのである。

Wxタンパク質がなくなる理由は、*waxy* 遺伝子に生じる変異である。自然

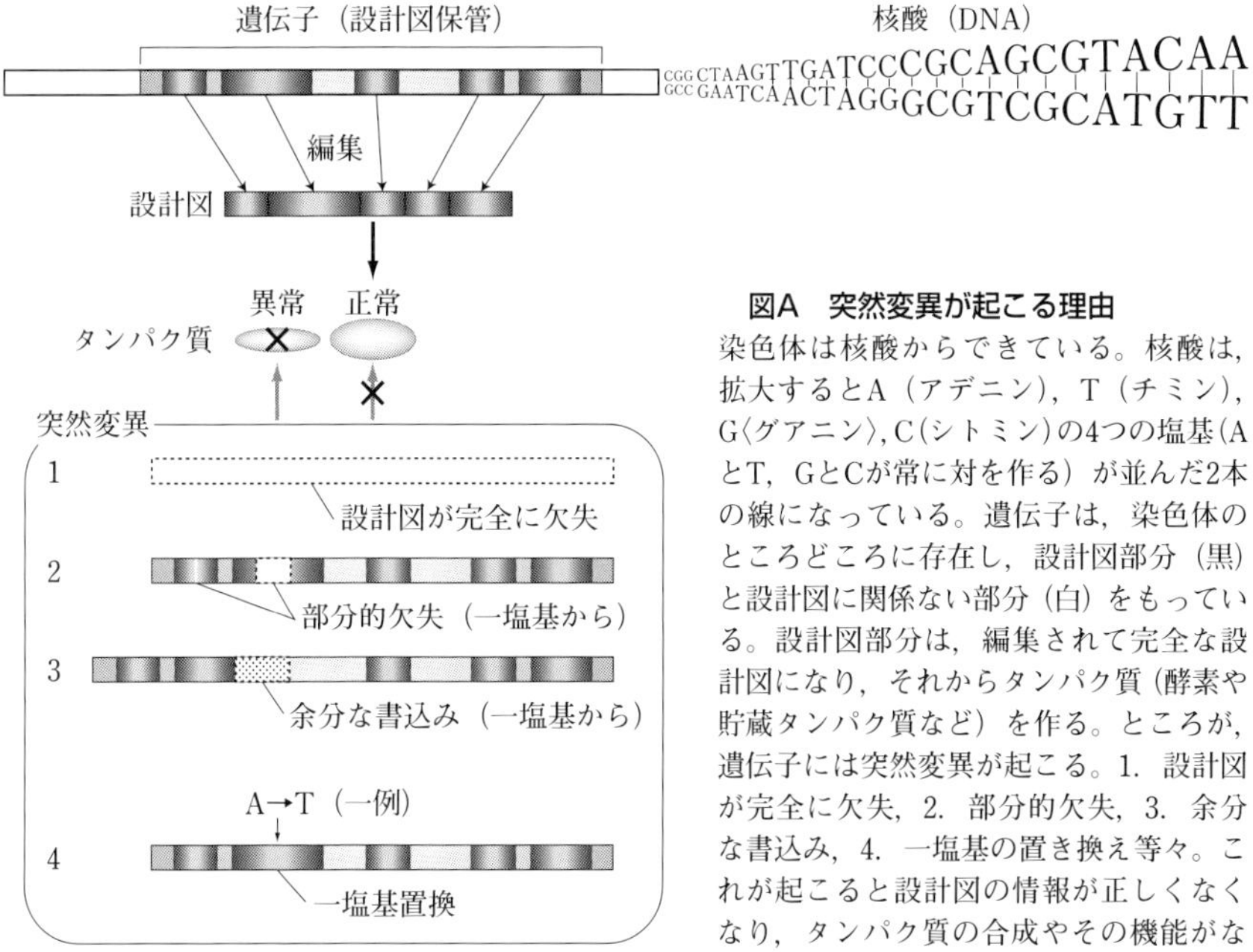

図A　突然変異が起こる理由

染色体は核酸からできている。核酸は，拡大するとA（アデニン），T（チミン），G〈グアニン〉, C(シトミン)の4つの塩基(AとT，GとCが常に対を作る）が並んだ2本の線になっている。遺伝子は，染色体のところどころに存在し，設計図部分（黒）と設計図に関係ない部分（白）をもっている。設計図部分は，編集されて完全な設計図になり，それからタンパク質（酵素や貯蔵タンパク質など）を作る。ところが，遺伝子には突然変異が起こる。1．設計図が完全に欠失，2．部分的欠失，3．余分な書込み，4．一塩基の置き換え等々。これが起こると設計図の情報が正しくなくなり，タンパク質の合成やその機能がなくなる。

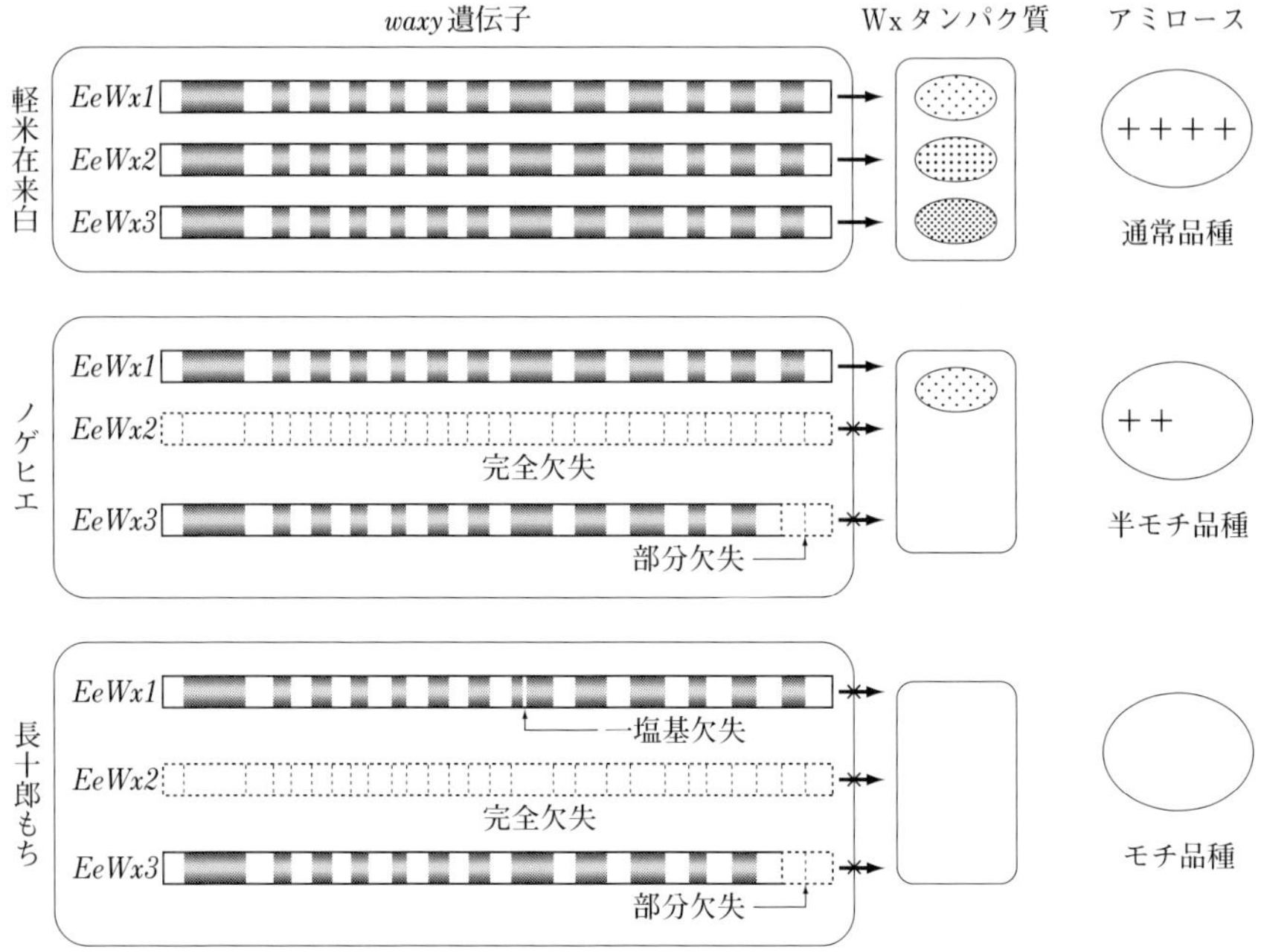

図B　*waxy*遺伝子の変異から見た半モチとモチの関係
軽米在来のように通常は，3つの遺伝子が正常でWxタンパク質も3つ作られ十分なアミロースを作るが半モチのノゲヒエは，2つの遺伝子に変異が生じており，1個の*waxy*遺伝子しか作られない。このためアミロースの合成が減り半モチなる。長十郎もちでは，さらにその残った1個の遺伝子を放射線で変異させたために完全にWxタンパク質がなくなり，アミロースが作れず結果としてモチになった

界では何らかの原因で、遺伝子が欠失、あるいは機能を失うことがある。これを自然突然変異という（図A）。アワやキビのなかには、この遺伝子が突然変異を起こし、「モチ」が存在したのである。おそらく栽培の過程で、この「モチ」品種が食味との関係で選抜され、維持されてきたと考えられる。一個の遺伝子に突然変異が起こる確率は、一〇万分の一～一〇〇万分の一万といわれている。した

waxy 遺伝子の変異の組合わせとアミロース含量

タイプ	遺伝子			アミロース含量（相対量%）
	EeWx1	*EeWx2*	*EeWx3*	
タイプ 1	＋	＋	＋	23.8
タイプ 2	－	＋	＋	23.8（99.7）
タイプ 3	＋	－	＋	23.5（98.5）
タイプ 4	＋	＋	－	21.0（88.4）
タイプ 5	＋	－	－	10.4（43.8）
タイプ 6	－	＋	－	17.2（72.4）
タイプ 7	－	－	＋	22.4（93.9）
タイプ 8	－	－	－	0（ 0.0）

3 個の *waxy* 遺伝子が正常（＋）か変異型（－）かの組合わせで 8 つのタイプのものが作れる。タイプ 1 が通常のもので，タイプ 8 が長十郎もちのようなモチ。タイプ 5 や 6 が半モチになると考えられる

がって、*waxy*遺伝子を二個もつキビでは、モチができる確率は百億分の一～一兆分の一なのである。まさに奇跡といえる。このことから考えても、キビより多い三個の*waxy*遺伝子をもつヒエでなぜ「モチ」が存在しなかったかは、容易に想像できる。

しかし、興味深いことは、ヒエに「モチ」は存在しなかったが、「ノゲヒエ」のように、「半モチ」と呼ばれるアミロース含量が通常のものより低いものが存在した点である。この原因は、「長十郎もち」が開発された直後に解明された（Hoshino *et al.* 2010）。

●世界初、モチのヒエ「長十郎もち」誕生の秘密

ヒエの三個の*waxy*遺伝子（*EeWx-1*, *EeWx2*, *EeWx3*）を調べると、図Bのように*EeWx2*は完全に、*EeWx3*はその一部分が欠失し、*EeWx1*だけがアミロース合成に関与していたことがわかったのである。つまり、「半モチ」の「ノゲヒエ」は、本来は三人（三個の*waxy*遺伝子）で働くべきところを一人（一個の*waxy*遺伝子）でアミロースを合成していたため、どうしてもアミロースの合成が追いつかなかった結果といえる。したがって、残った一遺伝子の機能を放射線で失わせる（これを自然突然変異に対して人為突然変異と呼ぶ）ことにより、ヒエからWxタンパク質を完全になくす、つまりアミロースをもたない「モチ」を開発するという考え方は、結果的に正しかったといえる。

面白いことは、三個の*waxy*遺伝子の働きが皆同じではないことである。つまり、三遺伝子の機能の有無の組合わせで、三個の遺伝子がすべて働くもの（タイプ1）から、すべて働かないもの（タイプ8）まで、表のような八つのタイプのヒエを作ることが可能になるからである。アミロース含量から、三遺伝子の働き具合には、*EeWx3* > *EeWx2* > *EeWx1*の関係があり、*EeWx3*が一番の働きものであることがわかる。「ノゲヒエ」はタイプ5に当たり、アミロースが十分低い「半モチ」であることがわかる。

この組合わせの表を見ると、通常のヒエと半モチの間に、さらにアミロースの異なる品種が育成できることになる。しかし、ヨウ素溶液のデンプン染色によってモチはある程度効率的に選抜できるが、これらの選抜は、半モチも含めてアミロースを測定する必要がある。しかし、アミロースの測定には、ある程度の種子の量が必要なうえに、種子からのデンプン精製が容易ではない。種子サイズが小さいヒエには、この測定法が向いているとは言えない。

そこで登場するのが、DNAマーカー選抜である（Ishikawa *et al.* 2013）。これは遺伝子の情報に基づいて、変異の起こった部分をDNAレベルで確認する方法である。すでに三遺伝子の変異は判明している。その変異を目印（マーカー）として、変異の有無を確認するのである。この方法は、発芽した葉の一部（一〇〇mg程度）の組織片があれば判定できる。実際には、PCR法という、DNAを増幅する手法で変異が起こった部分だけを増幅して、増幅したDNAの有無や大きさで判定するのである。

第3章

栽培の実際

過去の雑穀栽培は、手間ひまを惜しまず、多収を上げることが大きな目標であった。それは、雑穀が大切な食料であり、茎葉は家畜の飼料としても貴重であったからである。しかし今もなお、小規模な雑穀栽培を続けている高齢の農家の人たちは、堆肥を投入したり、ダイズ跡に無肥料で栽培して徹底した除草を行ない、倒伏しそうになると倒伏防止のひもやネットを張ったりして、無農薬栽培を行なっている。収穫は、鎌による刈取りである。刈り取った雑穀は、ハセ掛けやハウス内で乾燥をする。手間ひまをかけることで、無農薬でも一〇a当たり二五〇～三〇〇kgの籾収量を上げておられる。そうした農家の手で生産される雑穀は、無農薬で栽培されたものを希望する消費者には喜ばれるにしても、生産コストを考えることなく手間ひまをかける雑穀栽培を、今後も続けることはむずかしい。

最近では、雑穀の栽培方法も、小型機械を利用した高齢者にも無理のない栽培が中心になってきた。また、これまで栽培されてきた山間の傾斜畑だけでなく、水田転作による平場の転作田で、大型機械による効率的生産に取り組む人たちも現われてきている。

省力で安定して収量三〇〇kgを実現するため、ここでは、ヒエ、アワ、キビごとに、著者らの研究をもとに、葉の出方や草丈、分けつの出方などの生育の特徴、品種選び、播種や施肥などの具体的な栽培方法、収穫後の調製方法まで紹介する。

1 省力三〇〇kgどりのポイント

手間ひまをかけるにせよ、機械を活用するにせよ、雑穀で安定して多収を上げるためのポイントは、適正な発芽苗立ちを確保し、早めの除草に心がけ、害虫の被害や鳥の食害を最小限に食い止めることである。以下、ヒエ、アワ、キビ栽培に共通する省力多収のポイントをあげる。

1 適正な発芽苗立ちの確保

ヒエ、アワ、キビの栽培管理は共通することが多い。適正な発芽苗立ちは、雑穀多収栽培の基本となる。雑穀の種子は、イネやコムギにくらべ小さい。そのため、均一に播種することがむずかしく、加えて、殺虫剤や除草剤の登録がほとんどないため、株間の雑草を抑える目的や害虫被害を見込んで、最適播種量以上に播種するのが一般的である。しかし、これでは、苗立ちのいい年には株数が多すぎて茎が細くなり、倒伏や病害虫の被害を受けることも多い。反対に苗立ちが少ないと、いつまでも条間が埋まらず、雑草に苦しめられることになる。雑穀栽培の最初の関門は、いかに均一に播種し、いかにうまく発芽させるかがポイントとなる。

雑穀が地面に顔を出したら、厚めの箇所は間引きをする。籾収量二五〇kgであれば、収穫時の穂数はおおよそm^2当たり四〇〜六〇本である。そこから逆算すると、間引きの目安は、間引き後の被害を考慮して、条播ではm^2当たり六〇〜八〇本程度である。

2 早めの除草――「走り草七人前」

雑穀は荒れ地でも育ち、病害虫にも強いというイメージが強い。しかし、水田にヒエを移植して、その後の除草に失敗すれば、草丈が一・五m以上にもなるヒエが一mにもならず、野生ヒエや他の雑草に埋もれ、葉は黄化し、収穫は皆無となる。また、畑地に直播した場合でも、初期の除草が不十分であれば、野生ヒエに負けてしまう（写真3―1）。

できれば、前年に雑草の繁茂が少なかった圃場を選ぶのがよいが、そう思い通りにはいかない。誰で

写真3－1　除草に失敗し雑草に負けた栽培ヒエ

もできるのは、播種前の耕し方の工夫である。表面の土は細かく砕き、その下は粗めの土塊となるように耕耘することで、小さな雑穀の種子を土になじませ、発芽までの水分状態を安定させる。砕土率でいえば、二cm以下の土塊が八〇%程度になるようにし、播種する表面をさらに細かい土が覆っている状態がベストである。播種前に土を細かく砕土し、雑草の出芽を抑えることが重要である。そのためには、アップカットロータリで耕すのがいい。

写真3－2　出穂の20日前以降の中耕はしない
この時期，条間には新根が伸び出している

播種後の管理でもっとも大事なことは、除草である。「走り草七人前」という諺があるように、早い除草は作業負担も小さく、効果が高い。できれば二回は行ないたい。

雑草の発生程度や播種した雑穀の生育具合にもよるが、播種後二〇～三〇日に、手押し式除草機や歩行型や乗用管理機で中耕し、その一～二週間後の中耕は、培土も同時に行なう。培土は、機械収穫を考慮して、三葉目が隠れる程度で低いウネができる高さに抑える。

除草・中耕・培土作業は重要で、とりわけ長稈品種や倒伏に弱い在来品種を栽培する場合には欠かせない。除草を兼ねた倒伏に強い株作り作業でもある。ただ、出穂期前二〇日ころ以降の中耕は、条間に伸びだした新根を切断するので避ける（写真3―2）。

3 病害虫の防除

近年、小規模の雑穀栽培では大きな問題とはなっていなかった病害虫による被害が、どこでも普通に見ることができるようになった。害虫の被害を少なくするためには、害虫の発生がなかった圃場を選び、しっかりと輪作体系を守れればよいが、現実的には制約が多い。

岩手大学滝沢農場では二〇〇三年から雑穀栽培を始めたが、この年にはアワノメイガの発生はごくわずかしか見られなかった。しかし、栽培を開始して一〇年たった今では、徹底した害虫管理をしないと、正確な試験の評価がむずかしくなるほどまでに、害虫の被害が大きくなってきた。

ヒエ、アワ、キビには共通した病害虫が多いので、ここで詳しく説明しておくことにする。

① 害虫対策　残渣の搬出と焼却

現在、ヒエには八種類、アワには九種類、キビには七種類の害虫が発生することが確認されている(千葉ら　一九九九)。表3—1に、主な病害虫と、被害の様相、発生時期などをまとめた。特に、ヒサゴトビハムシ、アワノメイガ、モロコシクキイエバエ(通称、アワカラバエ)の被害が大きい。害虫とその被害の様子を87ページにまとめた。

ヒサゴトビハムシは、発芽後に心枯れを起こし、苗立ちが確保できないことも多い。アワノメイガは、イネ科作物の多くに被害を与える害虫である。岩手県では七月中旬から茎内を食害し、食害を受けた茎は枯死・折損となり、出穂後は白穂や登熟不良となるため、減収に直結する。茎の中で越冬することから、被害茎や株を放置すると翌年の発生源となる。雑穀に使用できる殺虫剤はほとんどないので、対策としては、連作を避け、被害を受けた茎や穂は焼却することが、害虫の被害低減につながる。

今でも農家によっては害虫の被害がほとんど見られない畑もある。そのような農家は、残稈を圃場の外に搬出し、焼却などしていることが多い。室内に籾貯蔵しておくと、籾から翌年の入梅ころになると貯穀害虫が発生するので、低温で貯蔵したい。

② 病害対策　温湯浸漬法

ヒエを宿主とする病害は、いもち病を始め一四病害が知られているが、よく見られる病害は黒穂病、こぶ黒穂病である。これらに登録のある殺菌剤もほとんどない。イネの馬鹿苗病やいもち病予防に用いられている「温湯浸漬法」(種子を六〇℃の湯に八～一〇分浸けて消毒する方法)を参考に、雑穀に効

アワノメイガ

ヒエ，アワに被害大。7月中旬から被害発生

心枯れで出穂しても稔らない

枯死した茎

アワノメイガの幼虫と糞

ヒサゴトビハムシ

幼苗期に心枯れや枯死をひき起こす

被害の様子

ヒサゴトビハムシの幼虫

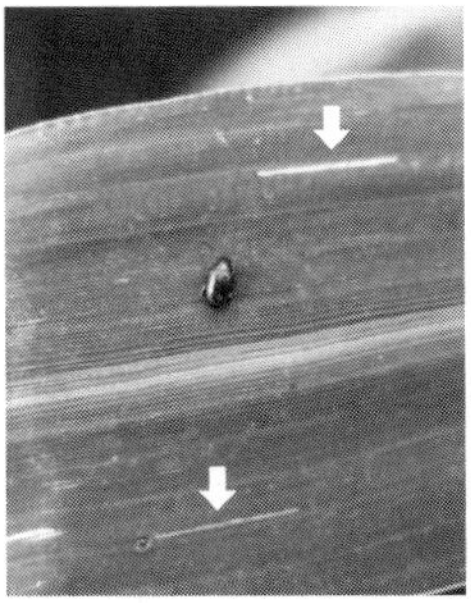
ヒサゴトビハムシの成虫と食痕(矢印)

モロコシクキイエバエ

ひどい被害を受け新葉が枯死(矢印)

モロコシクキイエバエの幼虫

＊以外は岩手県農業研究センター平成二三年度試験研究成果書より

表3－1　ヒエ，アワ，キビに発生する主要病害虫と被害様相

病害虫	ヒエ	アワ	キビ	主な被害様相	被害発生時期
アワノメイガ	被害大	被害大	被害が軽微	心枯れ，枯死，倒伏	7月/中より被害発生，9月以降に被害が増加
イネヨトウ	被害中	被害少	被害軽微	心枯れ，枯死，倒伏	7月/中より被害，水田より畑で被害が大きい
ヒサゴトビハムシ	被害大	地域により被害少～大	被害大	幼苗の心枯れ，枯死	出芽初期～4葉期頃まで
ネキリムシ類	多発年と少発年	多発年と少発年	多発年と少発年	地際から食いちぎられ枯死	発芽初期～4葉頃まで
モロコシクキイエバエ	被害中	被害大	被害がない～軽微	心枯れ，出すくみ，弱小茎	被害は本葉3～4枚の6/下頃に急増し，出穂期まで継続
アワしらが病	無	被害大	無	出すくみ，不稔	登熟中期以降に症状が顕著

（千葉ら　北日本病虫研報 50：147－148，1999，岩手県農業研究センター試験研究成果書 H23（指－32－1）と岩手大学滝沢農場での観察より作成）

雑穀の病気

アワしらが病

アワに発生し被害大。写真は被害を受けたささら状になった穂（矢印）

黒穂病*

出穂後すぐに穂に発生。穀実が灰白色の膜で覆われる

こぶ黒穂病*

穂の内側が裂け，塊状に膨らむ

果のある温湯浸漬の温度や浸漬時間を工夫してみたらどうだろうか。

アワではしらが病が見られる。発病株を見つけたら、直ちに抜き取り、圃場外に持ち出して焼却処分をすること。

2 ヒエ

ヒエ、アワ、キビのなかでは唯一、水田でも畑でも栽培できる水陸両用の雑穀で、「モチ性」品種がなかった雑穀である。イネと同じように葉数を増やしながら、分けつを発生させて体を大きくしていく。九州から北海道まで、それぞれの地域で選抜されてきた一〇〇を超える在来系統がある。43ページに書いたように、その在来系統には、稈長や千粒重など大きな変異があり、短日作物ではあることは同じであるが、「早生」から「晩生」まで、さまざまな品種が存在している。

ヒエが救荒作物といわれる理由は、「ヒエにケガジ（飢饉）なし」という諺があるように、イネよりも低温に強いため、北日本の冷や水がかりの水田や山間の畑でも栽培でき、しかもイネの遅延型冷害が確実視される時点で極早生や早生のヒエ品種を播種すれば、それなりの収量が得られることがあげられる。また、種子は長期間保存ができ、穀物にはタンパク質などの栄養素が豊富で、貯蔵中の変質が少ないことも、冷夏に見舞われる頻度が高い地域では貴重な作物であった。

1 ヒエ栽培の基礎知識

① 生育パターン

ヒエは播種後五〜一〇日で発芽を始め、その後三〇〜四〇日は生育がゆっくりとしている。その後、草丈が大きく伸長し、分けつ茎も伸長を始め、ウネ間が茎葉で覆われ次第に見えなくなり、出穂前二週間にはウネ間は覆われてしまう。

以下、岩手県の在来系統である早生の「軽米在来

（白）」と、中生の「ノゲヒエ」、それに中生のモチ性新品種「長十郎もち」を使った試験結果をもとに、草丈、分けつ、葉数の要素別に見ていくことにする。

草丈の伸び方　草丈の伸長は、発芽後しばらくは緩慢で、降雨が少ないとさらに生育が停滞する。しかし、梅雨期に入り降雨が多くなると、気温の上昇につれて急激に伸長する。

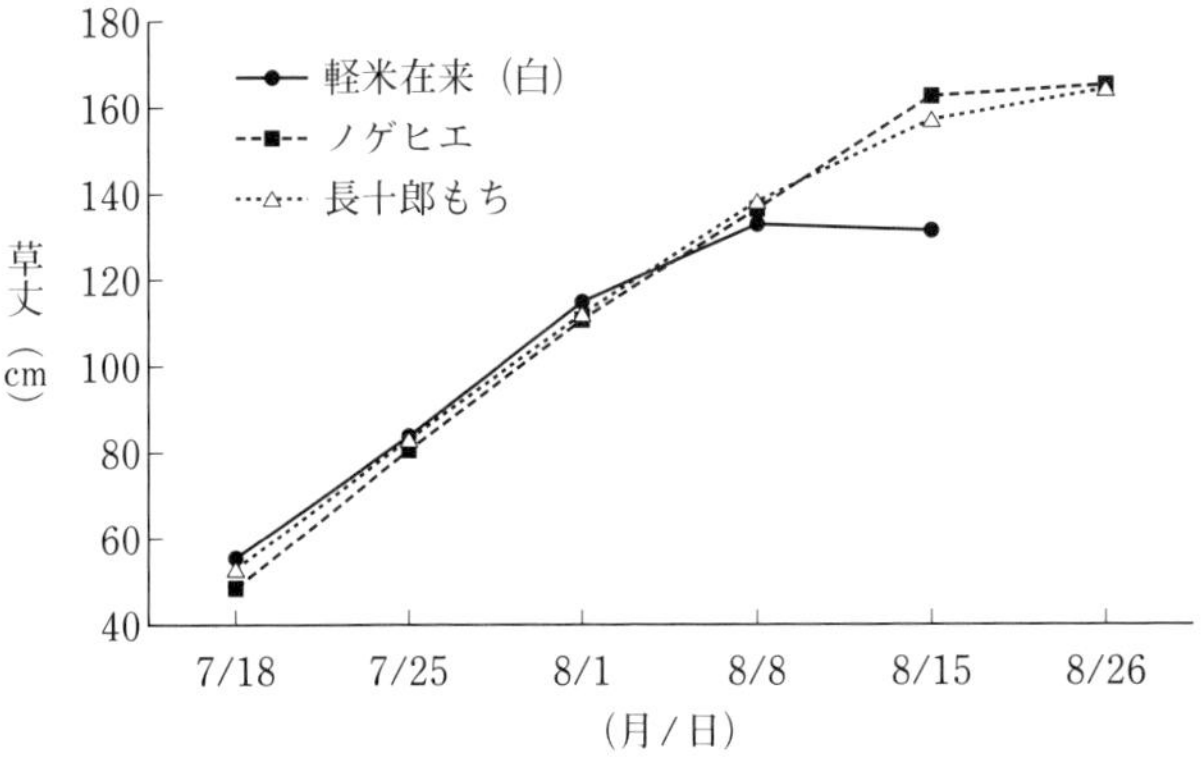

図3−1　草丈の推移（熊谷ら　2011）
8/15の「軽米在来(白)」，8/26の「ノゲヒエ」と「長十郎もち」は，稈長

図3―1をご覧いただきたい。これは、岩手県の平均的な播種時期とされている五月下旬に播種したヒエの草丈の推移である。図からわかるように、播種後五〇日かけて五〇cmしか伸長しなかったヒエが、気温が上昇する七月中旬以降、一気に伸び始める。「軽米在来（白）」、「ノゲヒエ」、「長十郎もち」の三品種とも、一週間に二五cmから三〇cmも伸長する。

その後、早生の「軽米在来（白）」は八月三〜八日ころに出穂期を迎え、草丈の伸長は止まる。中生の「ノゲヒエ」と「長十郎もち」の出穂期は八月一四〜一八日なので、八月八日以降もほぼ同じように伸長し、出穂期を迎えてその伸長は止まる。草丈の伸長率（cm／日）は、三品種とも七月中〜下旬がもっとも高い。

分けつの出方　ヒエは、葉数を増やすと同時に分けつも発生させ、体を大きくしていく。その点は、同じ雑穀でも、分けつをほとんどしないアワとは異なる。イネと同様に、土中に隠れている根の上部節から分けつしてくるが、出穂して稔実した穂を作る有効分けつとなるものと、穂をつけることなく消えてしまう無効分けつとなるものがある。また、出穂してからも地上部の上位節から分けつし、条件がよければ、穂は小さいが稔実にまで至るものもある（写真3―3）。

分けつの数は密度によって大きく変わり、疎植すると一株五〜八本、密植すると一〜二本の穂数となる。品種によってもその分けつの出方は異なる。詳しく三品種について、茎数の推移を見てみよう（図3―2）。

　株当たり茎数は、「軽米在来（白）」が、「ノゲヒエ」と「長十郎もち」より常に多く推移した。最高分けつ期は、三品種とも八月一日で、「軽米在来（白）」が七・四本ともっとも多く、「ノゲヒエ」は四・六本、「長十郎もち」は五・一本であった。茎数の増加率（本／日）は、三品種とも七月一八日から七月二五日に高く、その後徐々に低下した。なお、図3―2の「軽米在来（白）」の八月一五日の茎数は穂数、「ノゲヒエ」と「長十郎もち」の八月二六日の茎数は、穂数と同じである。

写真3－3　地上の上位節から出た穂

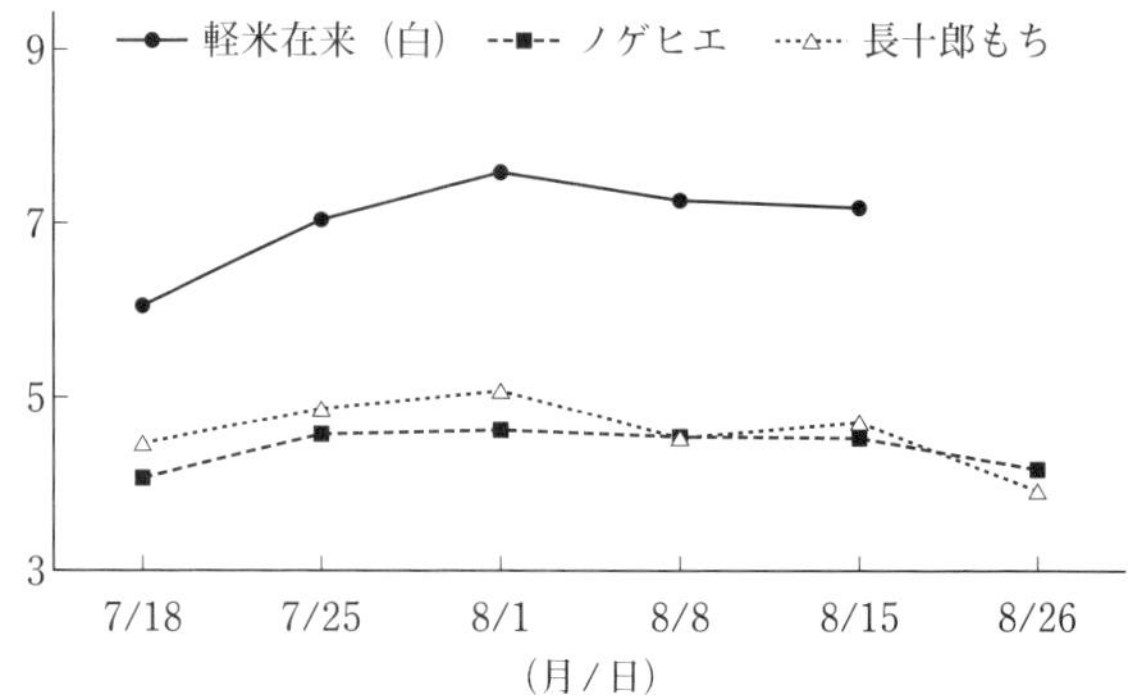

図3－2　茎数の推移（熊谷ら　2011）
8/15の「軽米在来(白)」，8/26の「ノゲヒエ」と「長十郎もち」は，穂数

　このことからも、「軽米在来（白）」は穂数型、「ノゲヒエ」と「長十郎もち」は穂重型であることがわかる。穂数型品種と穂重型品種では、追肥の考え方にも違いがあり、穂数型の「軽米在来（白）」は登熟歩合向上に効果が高い八月上旬、穂重型の「ノゲ

ヒエ」と「長十郎もち」は、茎数の増加に効果的な有効分けつ前期の七月上旬が追肥の適期と考えられる。

葉数の増え方　葉数は、早生品種と晩生品種で異なる。同じ時期に播種すれば、早生品種の葉数は少なく、晩生品種は多くなる。図3―3は、早生の「軽米在来（白）」と、中生の「ノゲヒエ」、「長十郎もち」の葉数の増え方を見たものである。この年は六月中～下旬に低温で降水量が少なく生育初期に停滞が起こったが、梅雨に入り気温も上昇してきた六月下旬からは、三品種ともに出穂時期直前まで直線的な葉数増加を示している。最終的には、八月三～八日に出穂期を迎えた早生の「軽米在来（白）」は一六枚、八月一四～一八日に出穂を迎えた中生の「ノゲヒエ」と「長十郎もち」は一八枚の葉を出したことがわかる。

②農業特性と収量特性

降雨のタイミングや降雨量の多少、気温の高低によって生育は大きく左右される。平年並みの気温・降水量であった二〇〇六年と、六月中～下旬が低温で降水量の少なかった二〇〇八年とをくらべてみると、二〇〇八年はヒエの稈長は短く、葉数は少なく、穂長も短かった。ただし、出穂期は一～五日遅れたけれども、穂数が多くなっている。

気象条件が違っても、「軽米在来（白）」は、「ノゲヒエ」と「長十郎もち」よりも短稈・短穂で、「軽米在来（白）」の穂数は、「ノゲヒエ」と「長十郎もち」よりも多く、「軽米在来（白）」の葉数は、「ノゲヒエ」

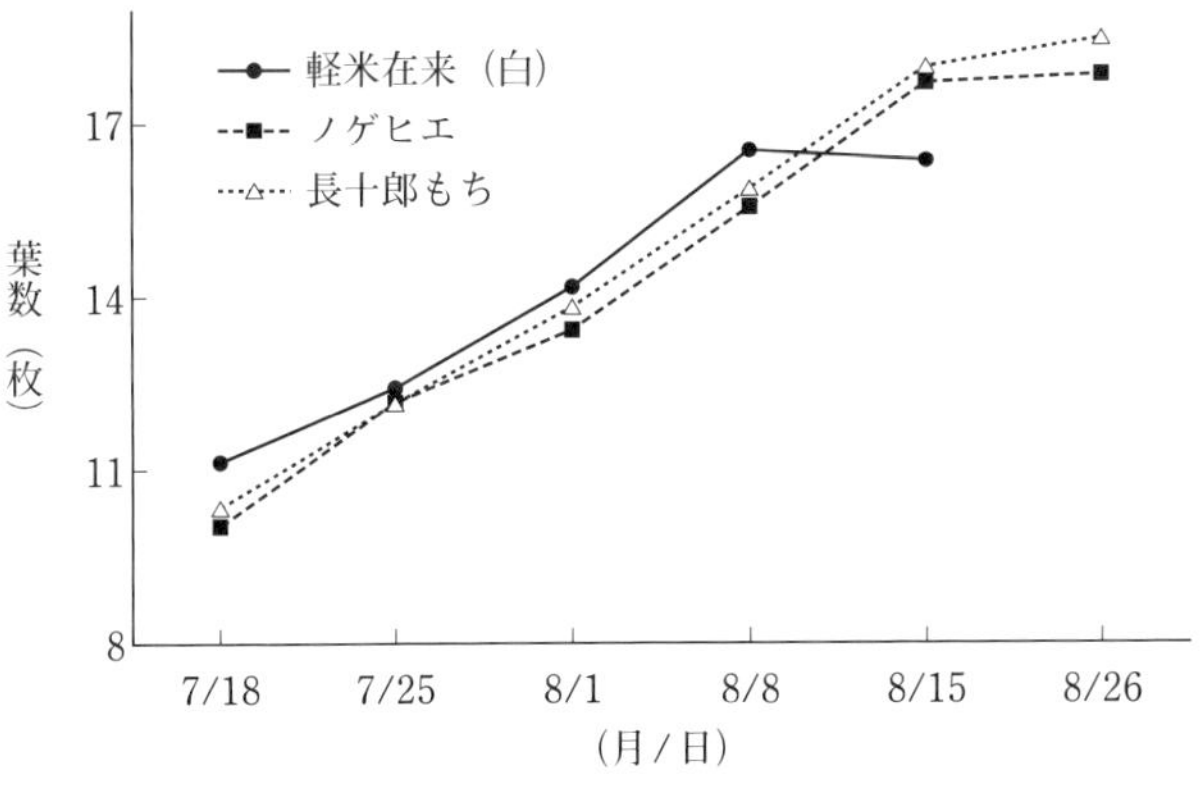

図3−3　葉数の推移（熊谷ら　2011）

と「長十郎もち」よりも少ないことは明らかである。

収量の面でみると、一〇a当たり玄ヒエ重は、「長十郎もち」や「ノゲヒエ」が、「軽米在来（白）」よりも安定して多収である。玄ヒエ千粒重は、「軽米在来（白）」がいちばん重く、次いで「ノゲヒエ」、「長十郎もち」の順である（表3―2）。

③ 品種選びの視点

前述したように、ヒエには一〇〇を超える在来系統（品種と呼ぶ）があり、かつて栽培していた地域では、食用であったり飼料用であったり、それぞれの目的にあった在来品種が栽培されていた。農家の視点で品種を選ぶとすると、多収で、稈長が短く倒伏しにくく、作業性のよい品種となる。また、穀物業者の視点で品種を選ぶとすると、安定的に供給され、加工が容易で消費者のニーズにあった品種となる。

栽培期間にあわせる　東北には五月下旬に播種すれば九月下旬に収穫できる品種が多く（早生＝播種して九〇～一一〇日で収穫）、西日本ではより生育期間が長い品種（晩生＝十月下旬～十一月に収穫）が多い。北海道の品種は早生種がほとんどで、その品種を岩手県で五月下旬に播種すれば、七月中旬に出穂し、八月中～下旬に収穫できる。晩生種が多い西日本の品種を同じように岩手県で栽培すると、出穂できない品種もある。前作や後作を栽培する場合には、栽培期間にあわせて品種を選ばなければならない。

参考までに、岩手県で主に栽培されている早生から晩生までの品種と播種期との関係をみると（表3―3）、早生の「岩系512」は七月二〇日に播種しても八月二二日に出穂するので、九月下旬には成熟する。「軽米在来（白）」と「ノゲヒエ」は七月二〇日に播種しても、八月下旬に出穂するので、九月がかなりの低温でなければ成熟するが、晩生の「達磨」では成熟に至らない。

持っている機械にあわせる　持っている機械の有無によっても品種選びが異なってくる。農具や小型機械を主に使って栽培をする農家にとっては、多収がもっとも重要な選定基準である。ただし、高齢者が小規模に生産する場合には、多収品種でも一五〇cmを超える長稈の品種は、除草、収穫、運搬などが大変な作業となる。そのため、多収よりもむしろ、作業負担の小さい品種が優先されることが多い。脱

表3－2　3品種の特性（2008年）

系統・品種	熟期	ウルチ／モチ	アミロース含有量	出穂期（月／日）	葉数（枚）	稈長（cm）	穂数（本／m^2）	千粒重（g/千粒）	玄ヒエ重（kg/10a）
軽米在来(白)	早生	ウルチ	通常	8/8	16.4	131.9	102.5	3.32	190
ノゲヒエ	中生	ウルチ	低	8/15	17.9	165.3	59.6	2.82	206
長十郎もち	中生	モチ	ゼロ	8/16	18.7	164.8	56.2	2.82	204

表3－3　品種と播種期の関係（2006年）

	出穂期			
	早生	やや早生	中生	晩生
播種期（月／日）	岩系512	軽米在来(白)	ノゲヒエ	達磨
4/27	7/18	8/1	8/10	8/20
5/24	7/21	8/3	8/15	8/24
6/21	8/4	8/12	8/18	8/29
7/20	8/22	8/29	8/29	9/7

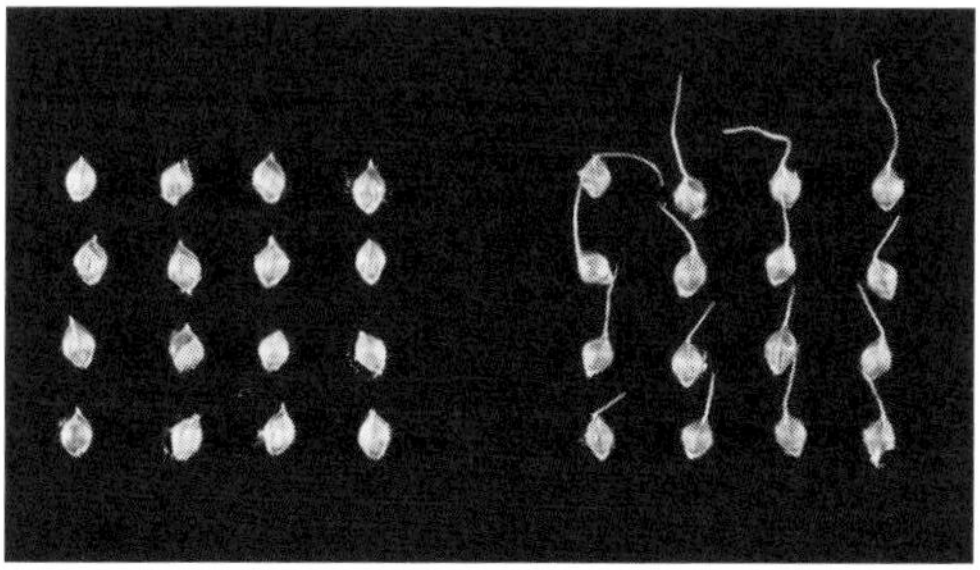

写真3－4　芒の有無
左は無芒品種，右は芒あり品種

穀作業からみれば、ある程度脱粒性がよく、芒《のげ》のない無芒の品種（写真3―4）がよい。

大型機械中心の作業を行なう栽培であれば、機械栽培に適した品種を選ばなければならない。手播きでは芒の有無は問題にならないが、播種機で播種する場合には、芒がある品種は種子の繰り出しが悪く、目的とした播種量が播けないこともある。

機械で収穫を行なうのであれば、多収であっても長稈な品種より短稈で作業効率がよい品種が優先される。雑穀用バインダで収穫する場合には、倒伏の状態などにもよるが、稈長一五〇cm、コンバインでは一六〇cmを超えると収穫ロスが多くなる。水田で栽培すると、畑に比べて二〇～三〇cmほど稈長が伸びるため、倒伏しやすくなることも念頭において品種選びを行なう。

自家用の食材として栽培するなら　ヒエを常食する場合には、食べ飽きしないウルチが好んで作られてきた。現在の小規模生産では、自家用としてコメとブレンドして食べたり、地元のイベントで販売したり、産直で販売したりすることが多い。自家用といっても「食べ続けられる品種」と「売れる品種」の両方を考えに入れなければならない。

一方、販売が主な目的であれば、穀物業者の要望に合う品種を選ばなければならない。これまでヒエにはモチ性がなかったため、アワやキビとのブレンド商品を開発する際の考え方は、「ヒエはウルチ」という前提であった。しかし現在では、モチ性品種の「長十郎もち」や「なんぶもちもち」、低アミロースの品種「ゆめさきよ」や「ねばりっこ2号」が育成されている。こうした新品種を選ぶ際には、ブレンド素材としてだけでなく、新しい商品開発も視野に入れながら検討することで、新しい需要を掘り起こしていく可能性がある。

もちろん、新しい品種だけでなく、アレルギー疾患の方はウルチ性ヒエを求めていることも考慮しておかなければならない。

2 栽培の実際（畑での直播栽培法）

最近の施肥量と生育・収量の試験データは見あたらないが、過去の事例を参考にすると、播種後一カ月ころの窒素肥料の追肥が多収につながるという。

また、ヒエ、アワ、キビは、イネに比べれば脱粒しやすい。生産効率を重視した大型機械栽培では、品種や機械の改良が十分ではないこともあり、残念ながら安定して一〇a当たり三〇〇kgの収量を上げるには至っていない。また、連作が続き肥沃土の低下や雑草や害虫の発生が目立つようになってきてもいる。消費者が求める雑穀に応えるためには、できるだけ化学肥料や農薬を控えなければならない。そのためには、輪作や堆肥の投入などで対応せざるをえない。現実的には、農家の人たちの高齢化もあり、作業負担が大きくなっている。消費ニーズを意識しながら身の丈にあった栽培で、軽労化・低コスト生産につなげてほしい。

なお、水田や畑での移植栽培については128ページをご覧いただきたい。

① 施肥

全国の雑穀産地の土つくり、施肥に関する調査結果を表3—4にまとめた。表でわかるように、一〇a当たり堆肥を一～二t、窒素を成分で二～四kg、リン酸、カリ肥料を三～八kgほど施肥する。追肥ができる場合には、基肥をその分だけ減らす。ただし、前作がダイズやタバコ、野菜の場合には減肥し、場合によっては、基肥は施さずに、生育（葉の色）を

表3－4　ヒエの土つくりと施肥

道・県	地域	調査時期	系統名	土つくり（堆肥など）	施肥（N：P：K（kg/10a）	出典
北海道	平取町	1981～1984	ナンブビエ		無肥料～少肥	1)
岩手県	北部	2003～2010	達磨（ウルチ）	1～2t	3：8：8	2)
岩手県	北部～中央部	2003～2010	長十郎もち（モチ）	1～2t	3：8：8	2)
神奈川県	藤沢市	2007	赤稗（岐阜）	堆肥	無肥料～少肥	3)
山梨県	現上野原市	1975～1977	1品種	茎葉は鋤込み		4)
岐阜県	飛騨地域	2011	高根日和田在来	2t	3：3：3	5)
熊本県	北部	2012	不明	3t/10a		6)

注1）木俣美樹男ら（1986）季刊人類学17（1）22－53
2）岩手県農業改良普及会（2007）64
3）倉内伸幸氏提供
4）木俣美樹男ら（1978）季刊人類学9（4）69－102
5）岐阜県農政部（2011）飛騨を守ろう　雑穀復活大作戦
6）東博己氏提供

見て、やや黄化し始めたら追肥を窒素成分で一～二kg行なう。堆肥が投入できない場合には、基肥の窒素肥料を多くし、火山灰土壌ではリン酸肥料を多くする。

出穂期以降の追肥は、粒が成熟に達しても茎葉の黄化が遅れ、コンバイン収穫では粒に水分の高い茎葉が混じってしまう。そのため、コンバイン収穫を考えている人は、乾燥効率を低下させないためにも、追肥はやらないほうがよい。

②播種時期

夏畑作物の播種は、一般に晩霜の心配がなくなったころがいい。「八十八夜の別れ霜」といわれるように、ヒエもまた、五月の連休ころが播種の目安となる。ヒエは「寒さに強い作物」といわれているが、出芽してから霜にあえば枯れる。各地には「栃の花盛りがヒエ播き」（群馬）のような、花木との取り合わせでの播種時期を示す諺が多い。全国での播種時期を調べてみると、表3—5に示すように、四月下旬から五月下旬に播種する地域が多い。

播種後に低温が続けば、発芽までの日数が長くかかる。岩手県での栽培を例にとると、五月中旬に播

表３－５　ヒエの栽培法と生育期

道・県	地域	播種法	播種量 (g/10a)	播種期 (月/旬)	移植期 (月/旬)	出穂期	収穫期 (月/旬)	籾単収 (kg/10a)	出典
北海道	平取町	条播		5/中			10/中	250	1)
岩手県	北部	移植	20g/箱, 20枚/10a	5/下	6/上	8/下	10/上	200	2)
岩手県	北部～中央部	条播	300～500g	5/中		8/中	9/中下	200	
神奈川県	藤沢市	移植		4/下	5/下	8/上	8/下		3)
山梨県	現上野原市	移植・条播		5/下	6/下		10～11		4)
岐阜県	飛騨地域	移植	70～80cm	5/中	6/中		10/上	250	5)
熊本県	北部	条播	500g	8/上			11/中	150	6)

（出典は表３－４と同じ）

種すれば約一〇日で出芽するが、気温が上がる六月以降に播種すれば約五日で発芽する。

表３―６は、同じ品種を、播種日を変えて栽培した結果である。早く播種すれば早く出穂し、遅く播種すれば遅く出穂する。ただし、二～三カ月遅く播

表３－６　播種日と出穂期などの関係

系統名	播種 (月/日)	出穂期 (月/日)	葉数 (枚)	稈長 (cm)	千粒重 (g)	玄ヒエ粗タンパク含有率 (%)
岩系512 (極早生)	4/27	7/16	16.0	95.8	2.4	16.7
	5/26	7/20	15.3	111.1	2.3	16.8
	6/22	8/5	11.1	91.4	2.3	17.7
	7/20	8/22	—	—	—	—
軽米在来 (白) (早生)	4/27	8/2	17.9	162.3	2.6	18.0
	5/26	8/4	16.0	137.0	2.5	16.5
	6/22	8/10	14.2	132.8	2.5	18.3
	7/20	8/26	—	—	—	—
ノゲヒエ (中生)	4/27	8/8	18.8	200.0	2.3	13.3
	5/26	8/13	17.7	186.6	2.2	12.8
	6/22	8/18	15.0	136.8	2.4	14.2
	7/20	8/30	—	—	—	—
達磨 (晩生)	4/27	8/26	21.0	131.4	2.3	16.0
	5/26	8/29	20.7	136.0	2.1	16.8
	6/22	9/6	18.0	110.4	2.0	15.8
	7/20	9/11	—	—	—	—

村田ら 2006, 未発表。7月20日播種は，出穂期以外は調査していない

表３－７　同一品種の岩手県滝沢村および神奈川県藤沢市における生育の差異（2007年）

品種名	原産地	出穂期（月／日）		成熟期（月／日）		稈長（cm）		穂長（cm）	
		滝沢村	藤沢市	滝沢村	藤沢市	滝沢村	藤沢市	滝沢村	藤沢市
花巻黒	岩手	8/8	7/20	9/8	8/19	158.5	133.0	14.4	10.8
登谷	岩手	8/14	7/23	9/12	8/19	172.3	144.8	22.5	17.0
箒根在来	栃木	8/29	8/9	10/9	8/28	167.9	165.4	20.5	21.2
赤ひえ2	栃木	8/18	8/13	9/20	9/10	155.5	150.8	19.8	21.8
滝稗（有芒）	岐阜	8/22	8/5	9/27	8/27	200.0	157.4	23.5	18.8
滝稗（無芒）	岐阜	8/29	8/8	10/6	9/2	169.3	158.4	19.4	16.4
本川	高知	9/10	8/8	10/12	9/13	−	153.2	−	15.0
畑稗	高知	8/15	8/9	9/14	9/10	161.0	162.4	17.4	20.6

注）滝沢村は木内亮輔ら（5月24日畑圃場に播種），藤沢市は倉内伸幸氏提供（4月下旬播種，5月下旬移植）

種しても出穂は一〇～二〇日しか遅れない・播種期が遅くなると出穂まで日数が短くなり、葉数も減少し、稈長も短くなる。千粒重や粗タンパク含有率には大きな変化はない。しかし、晩生の「達磨」を七月二〇日播きすると、出穂はするが、登熟をまっとうできない。この試験では収量の調査をしていないが、傾向としては五月二六日播種がもっとも多収で、次に四月二七日播種、六月二二日播種という結果になった。ちなみに、七月二〇日播種の子実重は、もっとも播種適期と思われる五月二六日播種の半分以下であった。

長稈のヒエ品種の場合は、早く播くと稈長も伸びて、台風や強雨で倒伏することが心配されることから、六月上～中旬が播種適期期といえる。最適な時期に播種することが望ましいが、前後作の関係で必ずしも適期に播種できないこともあり、その場合には表３―６に示した品種の生育期間の長短と播種時期と出穂期との関係が品種選定の参考になる。

では、同じ品種を、地域を変えて栽培するとどうなるか？

同一品種を、岩手県滝沢村と神奈川県藤沢市で栽培した結果を表３―７に示す。栽培方法が同じではないが、温暖な藤沢市では滝沢村よりも出穂期や成熟期が早くなり、短稈・短穂化する。ここの品種を詳しく見ると、原産地が高知の「本川」は出穂期・成熟期が一カ月遅れ、原産地が高地の「畑稗」は数日の違いしかない。このことは、品種による感温性や感光性の違いによると考えられる。

③ 播種量・播種法

作業する人や播種機の作業性を優先して、ウネ間六〇～八〇cmとする。播幅は鍬幅約一〇cmに、播種量は三〇〇～六〇〇g／一〇aとする。ただし、播種量が多いと茎が細くなり長稈化するので、雑草防除ができるのであれば、播種量を二〇〇～三〇〇g／一〇aと減らして、茎の太いガッチリとした姿に育てて多収をねらいたい（表3―8）。

種子が小さいので、均一に播くのがむずかしい。機械を使わないで手で播種する場合には、ヒエの種子と等量以上の木灰とをよく撹拌し、種子と木灰を同時に条播すると、均一に播種することができる（写真3―5）。ごく小面積でていねいに育てたい場合には、株間一〇～一五cmとして数粒ずつ点播してもよい。

表3－8 「なんぶもちもち」の播種密度試験

	点播	480g/10a	310g/10a
籾重	289.05	211.43	277.62

注）点播は70cm × 10cm，1本 / 株

写真3－5 歩行型の「ごんべえ」による播種作業

④ 播種前後の雑草対策

播種前後の雑草の出芽を抑えるには、播種前にロータリで細かく砕土するとよい。できれば、アップカットロータリで耕耘すると、雑草の種子を深く埋め込み、下層土はやや大きめの土塊で、表層は細かく砕かれた二層構造となり、雑草抑制と播種したヒエの種子の発芽にも好都合の状態を作りやすい。

播種後の管理で大事なことは、厚めに発芽した所は間引きをし、雑草の発生具合によるが、播種後

二〇～三〇日に、手押し式除草機や歩行型や乗用管理機で中耕をしながら、同時に培土を行なうことである。間引きの目安は、間引き後の被害を考慮して、条播ではm^2当たり六〇～八〇本程度とし、株と株の間隔を三～四cmにそろえる。株間を一〇cm程度に広げた点播の場合には、株当たり二～三本にそろえる。

「上農は草を見ずして草を取る」という諺があるように、早い除草は作業負担を小さくし、除草効果が高い。できれば二回は行ないたい。ただ、出穂期前二〇日ころ以降の中耕は、ウネ間に伸び出してきた新根を切断するので避ける。

⑤ 播種後の施肥と管理

活着後は、水稲用の除草機で除草ができる。手押し式除草機と動力除草機の作業能率（分／一〇a）を比べると、動力除草機は手押し式除草機の二倍で、しかも除草後の残草量は両機に違いはない（宍戸貴洋ら　二〇〇二）。

⑥ 収穫時期の判断と収穫方法

コメは、早刈りすれば未熟米を増加させ、遅刈りは胴割れ米を多発させる。また、極端な早刈りや遅刈りは食味の低下をまねくことから、適期収穫が大事である。

ヒエ穂の水分含有率は、降雨による影響がなければ、出穂期後日数が進むにつれて低下する（図3―4）。遅刈りは穂水分含有率を低下させるが、同時に、登熟期間中に降雨にあう危険性も高くなる。千粒重は出穂期後二五～四〇日の間で変化がほとんどない（図3―5）。出穂期後二五日の発芽率は九八・〇％以上で、二五～四〇日の間に高い発芽率が得られている（図3―6）。

食味に影響する粗タンパク含有率や糊化特性は、出穂期後二五～四〇日の間には大きな違いはない。ただ、粗タンパク含有率は、出穂期後三〇～三五日で低くなる傾向がみられる（図3―7）。デンプンの粘りに関係する糊化特性の最高粘度は、出穂期後二五～三〇日で高くなる傾向を示し、デンプンを分解する酵素であるα‐アミラーゼ活性は、出穂期後二五～四〇日の間であれば大きな違いはない。

これらの結果からわかることは、①出穂期後日数二〇～二五日の早刈りは水分含有率（すべて熊谷成子ら　二〇一一aより）が高く、②出穂期後日数四〇～四五日の遅刈りは脱粒しやすく、③降雨によ

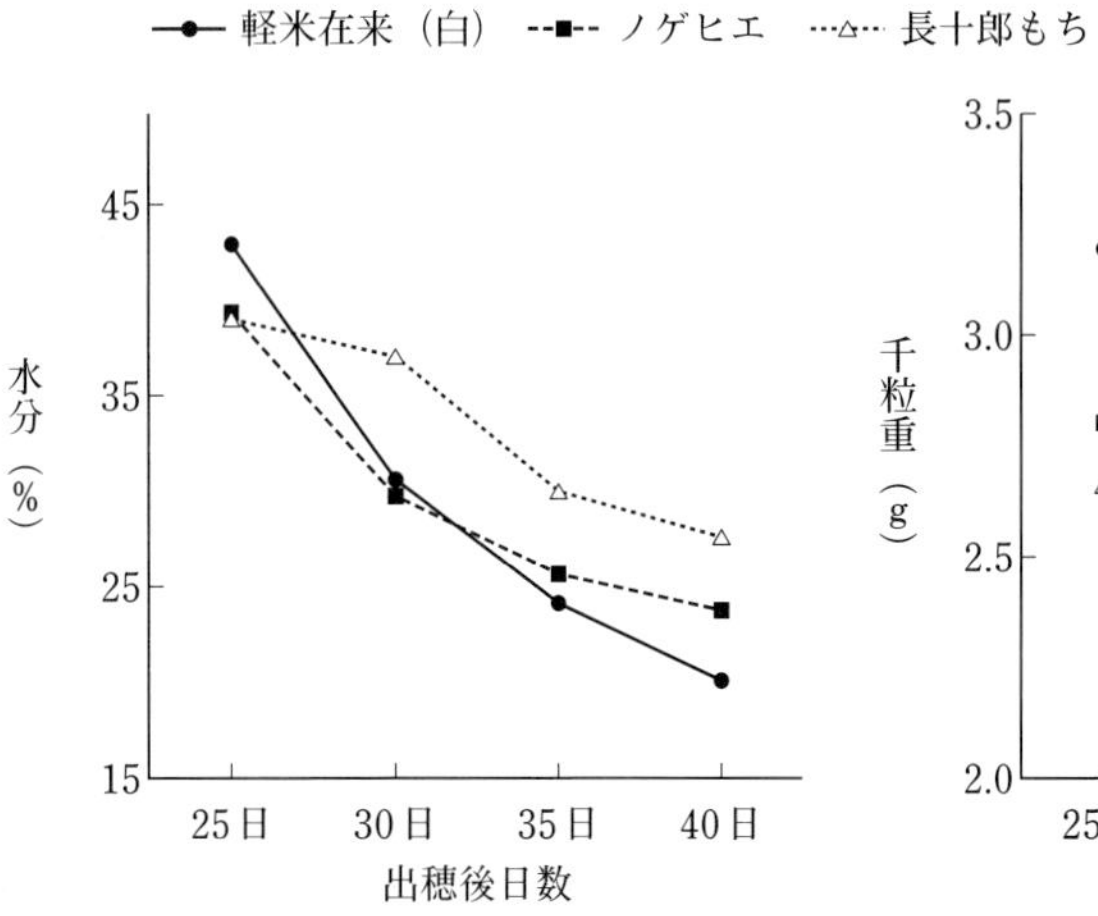

図3－4　出穂期後日数と水分
（熊谷ら　2009b）

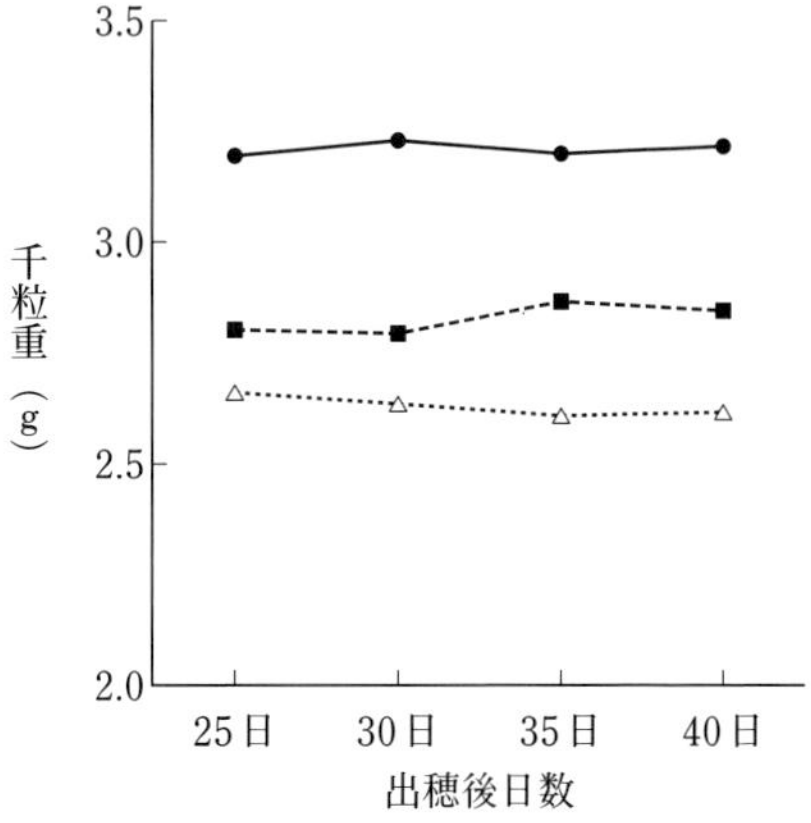

図3－5　出穂期後日数と千粒重
（熊谷ら　2009b）

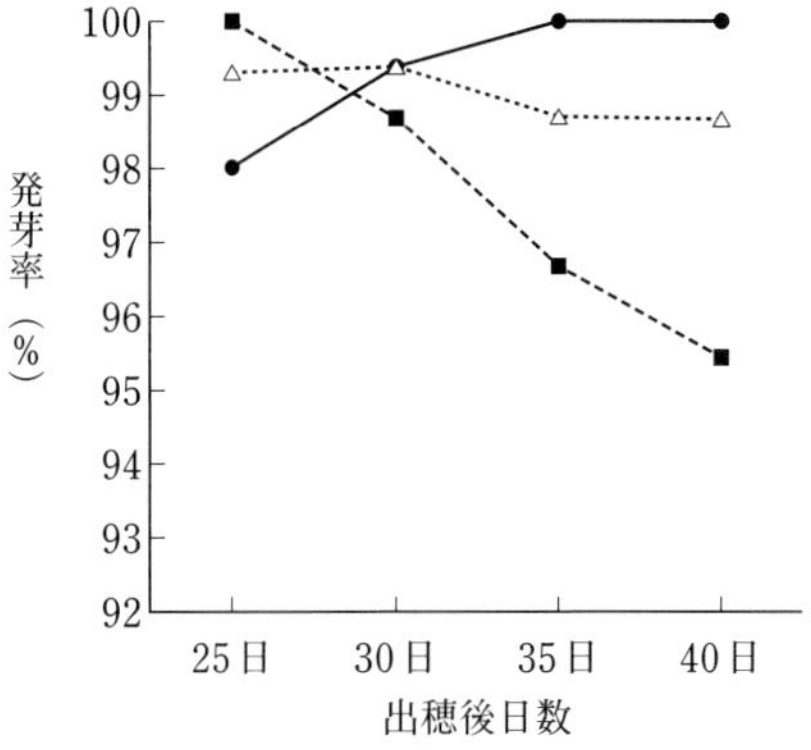

図3－6　出穂期後日数と発芽率
（熊谷ら　2009b）

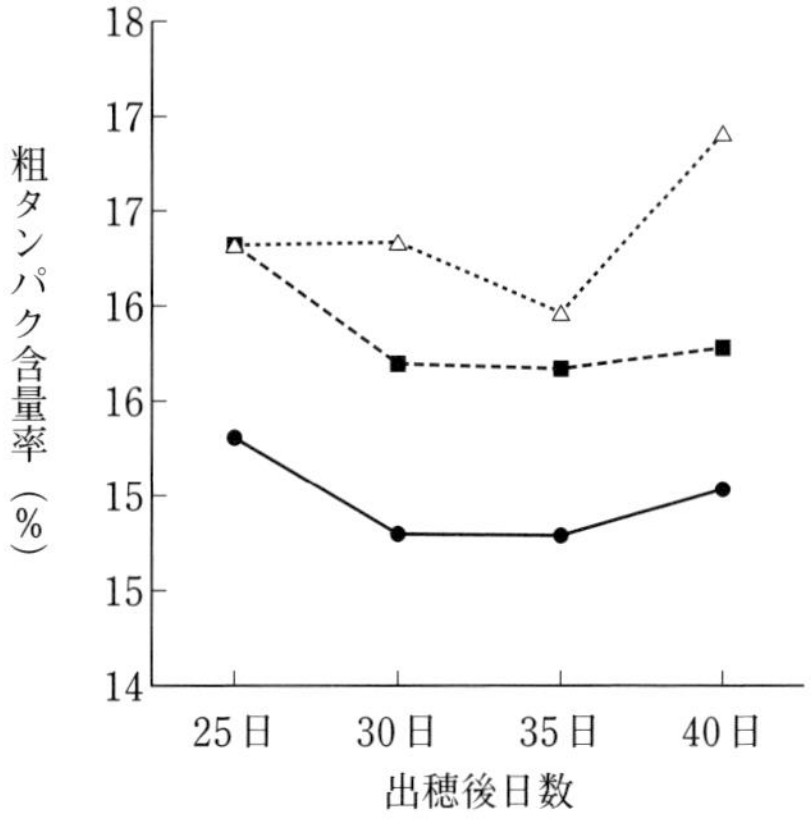

図3－7　出穂期後日数と粗タンパク含有率（熊谷ら　2009b）

るα-アミラーゼ活性の上昇により、最高粘度が低下して品質低下をまねくおそれがある、ということである。

結論としては、ヒエの収穫適期は、出穂期後日数三〇～三五日（おおよそ積算気温で八〇〇℃）である。品種の脱粒性の難易とも関係するが、目安として、穂を手で握って、手のひらに二〇～三〇粒つく時期と覚えておくとよい。ただし、種子用とする場合には、出穂期後二五～三〇日と少し早めのほうが収穫適期と思われる。

高齢者が小規模栽培で行なう場合は、手作業で株元や穂の下三〇～五〇cmの位置で、鎌を用いて刈り取ることが多い。手刈りはていねいに収穫できるが作業負担が大きいので、現在では雑穀用バインダや普通型コンバインを利用した収穫も行なわれている。これらの小型・大型機械利用の栽培については、115ページ「今ある機械を活かした省力栽培」の項で詳しく紹介する。

⑦乾燥・脱穀

手刈りやバインダーで収穫した穂は、イネと同じようにハセ掛けして自然乾燥する。イネに比べて脱粒しやすい雑穀は、脱穀するタイミングがむずかしい。穂を手で握って、粒がボロボロと落ちるようになれば、ハセから下ろしてイネ用の脱穀機で脱穀を行なう。

イネ用の脱穀機を用いる場合は、イネにくらべて粒が小さいので、やや風量を落として脱穀する。それでも脱穀中に飛散する粒が多いので、脱穀機の周りにビニールシートを敷いて、飛散した粒を集める。また、少量の脱穀であれば、ビール瓶やマドイリ（135ページ参照）で叩くと、アワよりは容易に脱穀できる。

乾燥は、イネ用の平型乾燥機や循環型乾燥機を用い、水分一二～一三％で乾燥作業終了である。ただ、送風温度や風胴部の網目の大きさなどの調整は欠かせない。

乾燥機がない場合には、ハウス内にビニールシートを敷いて、収穫した穀粒を薄く広げて天日乾燥する。ただし、一日数回、穀粒をかき混ぜて、穀粒自身の水分によるカビや蒸れを防がなければならない。

⑧ 調製

脱穀後がすんでも、粒には茎葉、穂軸、芒《のげ》、雑草の種子、虫の幼虫、小石などが混入している。馴れている農家は箕で穀粒と夾雑物を上手に選別できるが、一般には手回しや動力の唐箕で選別する。

選別して精粒となった穀類は、伝統的なやり方としては、杵を水車（水バッタ、写真3―6）や足踏みで上下に動かし（写真3―7）、昔は一晩かけてゆっくりと精白した。現在では米用のハーベスタで脱穀し、電動唐箕で精選し、精米機を用いて籾から精白するのが一般的である。できれば、コメのようにインペラ型籾摺り機に数回かけて、ていねいに籾を取り除く。参考までに少量規模に使用できる籾摺り機、精白機を写真で示す（写真3―8）。籾を完全に取り除こうとすると粒が割れるので、まず揺動選別機で脱ぷ粒と未脱ぷ粒とに分け、未脱ぷ粒を再度、籾摺り機で脱ぷして玄ヒエにしてから、精白機で目的に応じた歩留まりに精白するとよい。

精米機を用いる精白の場合には、研磨用ロールをヒエ用に交換しなければならない。玄ヒエは、おおよそ籾に対して重量割合で七〇%、精白粒は玄ヒエに対して八〇～七〇%程度なので、当初の籾重に対して精白重は半分程度である。モチ性ヒエはウルチ性ヒエにくらべて精白しにくいため、精白を依頼す

写真3－6　精白用の水車

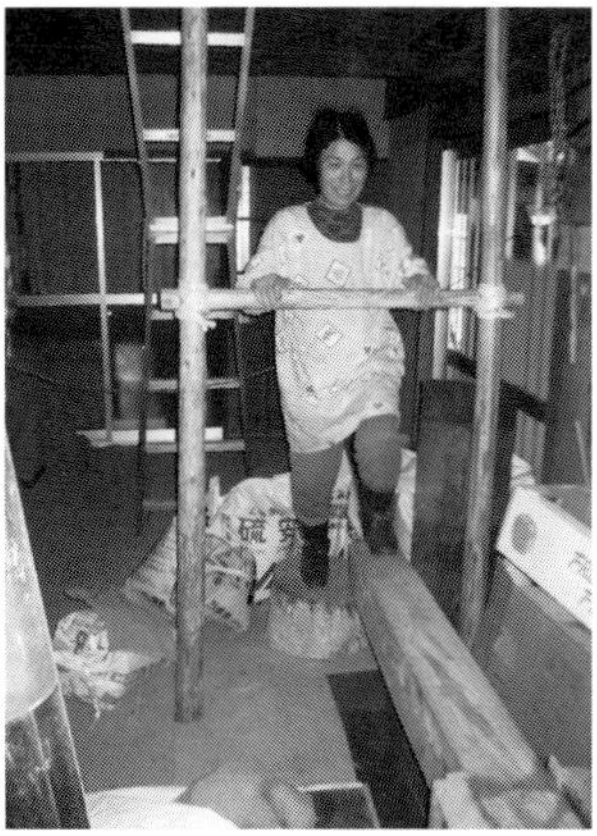

写真3－7　足踏みの杵による精白

写真3－8　小量規模用の籾摺り機と精白機
精米機による精白は，研磨用ロールをヒエ用に交換する

る場合には、モチ性ヒエの精白ができるかを確認してから依頼すること。

3 アワ

アワは、春アワと夏アワに大別できる。そのため品種の数も多く、それぞれの目的にあったウルチやモチの在来品種が用いられていた。穂型や穂色、粒色、粒大も変異に富んでいるため、花用にも利用されている。

1 アワ栽培の基礎知識

① 生育パターン

寒冷地などでは春アワが五月ころに播かれ、八月ころに出穂し、九〜十月ころに成熟期を迎える。一方、西南暖地などでは夏アワが七月下旬ころに播かれ、九月中〜下旬ころ出穂し、十一月ころ成熟期を迎える。品種によって日長や温度に対する反応が違うため、葉数や草丈、穂長にも違いがみられる。ヒエの生育パターンとの大きな違いは、ヒエが葉数を増やしながら分けつするのに対して、アワには分けつはみられない。極端な密植や虫害がなければ、発芽した苗はそのまま穂の数になる。

岩手の代表的な品種である「虎の尾」（ウルチ）と「大槌10」（モチ）の生育を調査したところ、草丈は二品種ともほとんど同じ伸長の推移を辿る。また、一日当たり伸長率も同じなので、「大槌10」の草丈の推移および一日当たり草丈伸長率（cm／日）を図3―8に示す。草丈は出穂期（八月一〇日）以降までは直線的に伸長するが、一日当たり草丈伸長率（cm／日）は出穂期二週間前がもっとも大きかった。

アワは分けつをしないので、発芽個体が順調に生育すれば穂数になる。ただし、発芽しても四葉期ころまでの虫害で枯死したり、密植したりすれば、茎が細くなり、穂も小さくなる。

「虎の尾」と「大槌10」の葉数は生育初期、止葉展開直前を除いて、ほぼ直線的に増加し、約二〇枚

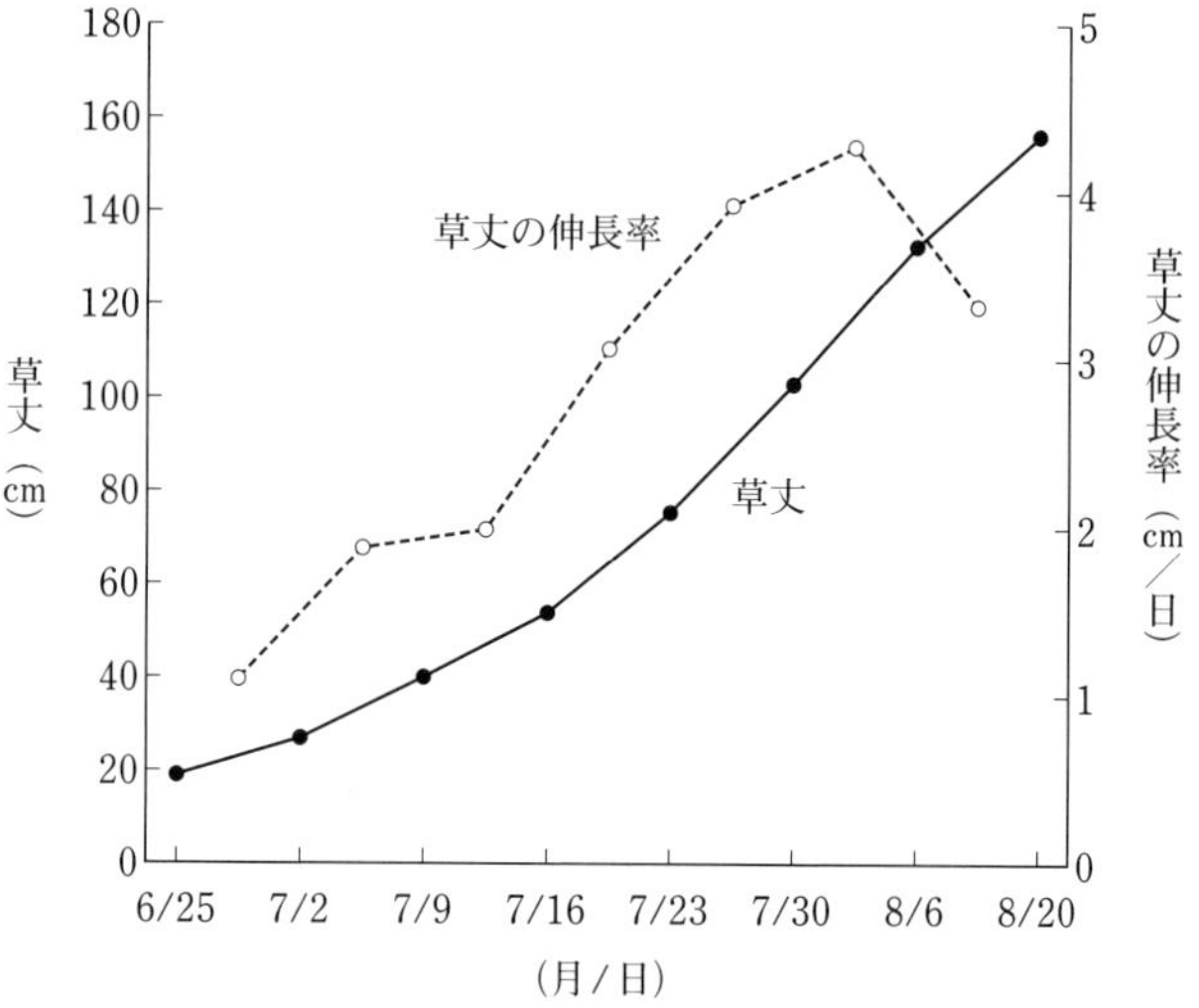

図3―8　アワ「大槌10」の草丈の推移と1日当たり草丈の伸長率

である（図3―9）。葉数の増加率は、「虎の尾」では七月中旬、「大槌10」では七月中～下旬がもっとも高かった。

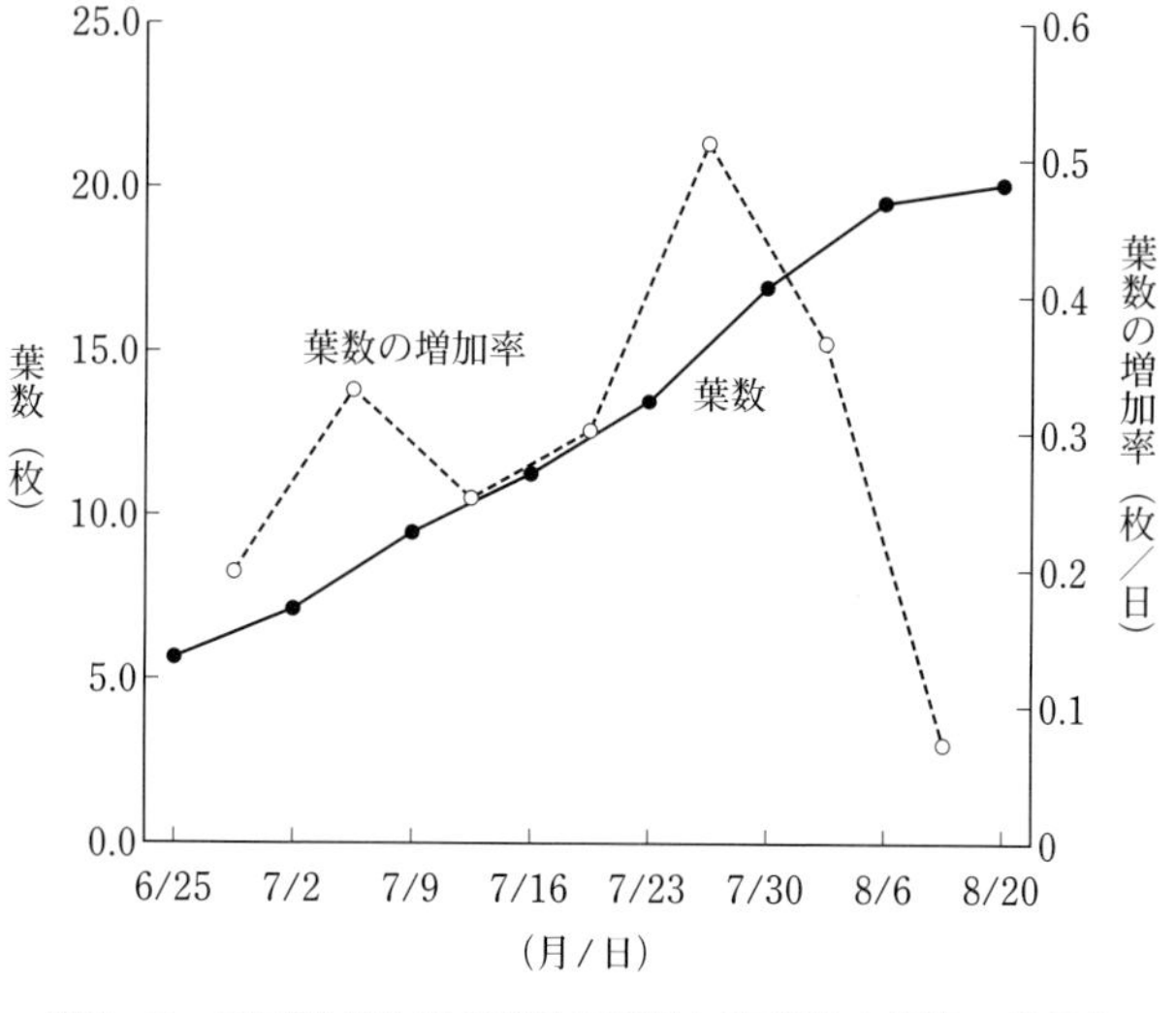

図3―9　アワ「大槌10」の葉数の推移と1日当たり葉数の増加率

②品種選びの実際

アワには五〇を超える品種があり、高温・短日条件で出穂が早まり、低温・長日条件で出穂が遅れる短日性植物である。ただし、品種を詳しくみると、比較的日長に対して反応が鈍感で、積算温度が一定以上になると出穂する「春アワ」と、日長に対して敏感で、短日下で出穂が早まる「秋アワ」に分けられる。春アワは寒冷地や標高の高い地域や暖地、秋アワは暖地で栽培される。前後作や気象災害回避などの関係で、暖地では春アワと夏アワを使い分けている。また、それぞれの用途によって品種選択を行なう。

　粒の色も多様で、なかでもご飯にブレンドすると美味しく見える黄粒品種が好まれる傾向がある。岩手の穀物業者から「昭和五十年代に県産アワが消えたときに、粒色が黄色の輸入アワが持ち込まれたことがある。アワを復活するにあたって、輸入アワと

写真3−9　ドライフラワーとして観賞用に

区別するため、粒色が黄色の在来品種を栽培しないように指導した思い出がある」と聞いたことがある。そのほかのアワの品種選びの基本的な考え方は、ヒエと同じである。

　アワは、発芽期にヒサゴトビハムシやネキリ類（突発的発生）の食害によって、苗立ち数が不足することがある。晩播きすると害虫の被害は少ない傾向があるため、晩播きしても減収しないような品種選びも求められる。

　岩手県ではやや早生のウルチの「田老系」、モチの「大槌10」を選定しており、現在はモチの「大槌10」が広く栽培されている。「田老系」の粒色は鮮やかな黄色をしており、ご飯とブレンドすると、見た目が高く評価される。

　アワの穂は、形も穂も変異に富んでおり、観賞用として生け花やドライフラワーとしても価値が高い（写真3—9）。

2　栽培の実際

①　施肥

アワはヒエと大きくは変わらない。堆肥を一〜二

表3－9　アワの土つくりと施肥

道・県	地域	調査時期	系統名	土つくり（堆肥など）	施肥（N：P：K（kg/10a）	出典
北海道	平取町				無肥料～少肥	1)
岩手県	北部～中央部	2003 ～ 2010	大槌 10（モチ）	1 ～ 2t	4：8：5	2)
岩手県	北部～中央部	2003 ～ 2010	虎の尾（ウルチ）	1 ～ 2t	4：8：5	
神奈川県	藤沢市	2007	虎の尾	堆肥	無肥料～少肥	3)
山梨県	現上野原市	1975 ～ 1977	2 品種（モチアワ，メシアワ）	茎葉は鋤込み	硫安少	4)
長野県	（不明）	2010	しなのつぶ姫	1t ＋石灰 100kg	4：4：4	5)
岐阜県	飛騨地域	2011	宮川種蔵在来 / 神岡在来	2t	3：3：3	6)
熊本県	北部	2012	（不明）	3t/10a		7)
鹿児島県	?	2012	夏まき型		8kg（基肥：追肥は 3：1）	

注）木俣美樹男ら（1986）季刊人類学 17（1）22 － 53, 2）岩手県農業改良普及会（2007）60, 3）倉内伸幸氏提供，4）木俣美樹男ら（1978）季刊人類学 9（4）69 － 102，5）長野県農政部農業技術課（2010）主要穀類等指導指針，6）岐阜県農政部（2011）飛騨を守ろう　雑穀復活大作戦，7）東博己氏提供

t投入し、窒素を三～四kg／一〇a、リン酸、カリ肥料を三～八kg／一〇aほど施肥する（表3―9）。追肥ができる場合には、基肥をその分だけ減らす。長稈の品種では、倒伏を避けるため窒素肥料を控える。

② 播種時期・播種量・播種方法・播種後の施肥と管理

全国のアワを栽培する地域の栽培管理を表3―10にまとめた。播種時期は四月下旬（北海道）から八月上旬（熊本）まで、地域によって幅がある。日長や温度反応が異なる品種が、地域によって分化し栽培されているためである。

アワは分けつしない品種がほとんどであるため、雑草対策を兼ねて、播種量を多くすることが多い。そのため、アワはヒエにくらべ千粒重が小さいにもかかわらず、六〇〇～一〇〇〇g／一〇aを播種している（表3―10）。しかし発芽が良好で、虫による被害も少なければ、茎立ち本数が多くなり、過繁茂となって茎が細く、穂が小さくなる。そのため、出芽後、過繁茂になったところは間引いて三～五cm間隔に一株として、しっかりした株を育てて倒伏を防ぎ、大きな穂になるように管理する。

表３－10　アワの栽培法と生育期

道・県	地域	播種法	播種量(g/10a)	播種期(月 / 旬)	移植期	出穂期(月 / 旬)	収穫期	籾単収(kg/10a)	出典
北海道	平取町	条播		4/ 下～ 5/ 中			9/ 下～ 10	250	1)
岩手県	北部～中央部	条播	600 ～ 800g	5/ 中		8/ 中	9/ 下	250	2)
岩手県	北部～中央部	条播	600 ～ 800g	5/ 中		8/ 中	9/ 下	250	
神奈川県	藤沢市	移植		4/ 下	5 / 下	7/ 下	9/ 上中		3)
山梨県	現上野原市	条播，点播		5 ～ 7 上			10 ～ 11		4)
長野県	?	条播	600 ～ 1000g	5/ 中下～ 7/ 上			9/ 中～	414（試験場）	5)
岐阜県	飛騨地域	移植	70 ～ 80cm × 20cm	5/ 上	6 / 上		9/ 中下	200	6)
熊本県	北部	条播	600g	8/ 上			11/ 中	150	7)
鹿児島県	?	条播 60 ～ 70cm	900g	7/ 下			11/ 上	150	

出典は表３－９と同じ

表３－11　アワ「大槌 10」の播種期と播種量

播種月日	播種量(g/10a)	被害茎数(本 /m²)	千粒重(g)	子実重(kg/10a)
5/15	100	30.8	2.35	122
	200	33.5	2.23	173
	400	25.8	2.06	385
	600	28.5	1.98	368
5/25	100	31.5	2.18	172
	200	22.1	2.12	258
	400	23.1	2.07	390
	600	11.3	2.02	323
6/5	100	11.9	2.17	265
	200	13.5	1.91	274
	400	11.9	1.82	282
	600	12.7	1.80	169

岩手県農研セ　H19

詳しく播種時期、播種量と子実重との関係を見てみよう（表3―11）。五月一五日播き（やや早播）では播種量が多い区が多収で、六月五日播き（やや晩播）では、播種量を減らすほうがよい。

　この試験のように、しっかりと管理された圃場では、一〇a当たり四〇〇～六〇〇gの播種量で三〇〇kg以上の収量が得られる。

　同じ品種を岩手県滝沢村と神奈川県藤沢市でほぼ同じ時期に播種すると、藤沢市では滝沢村より出穂

表3－12　同一品種の岩手県滝沢村および神奈川県藤沢市における生育の差異（2007年）

品種名	原産地	出穂期（月／日）		成熟期（月／日）		稈長（cm）		穂長（cm）	
		滝沢村	藤沢市	滝沢村	藤沢市	滝沢村	藤沢市	滝沢村	藤沢市
虎の尾	秋田	8/7	7/26	9/15	9/10	5/7	102.0	34.8	42.0
白糯(1)	秋田	8/20	8/1	9/28	9/4	5/20	123.0	28.7	31.0

注）滝沢村は収集（2004年5月25日），藤沢市は倉内伸幸氏提供（2007年5月17日播種）

期が一〇日以上早くなり、短稈・長穂になる（表3—12）。

安定した収量を確保するためには、除草がもっとも重要で、特に早めの除草を行なうことである。小面積であれば、手取り除草や手押し式ウネ間・株間除草機で除草できる。面積が広くなると、歩行用小形管理機や乗用管理機を利用する。除草は播種後二五日前後に表面の中耕を兼ねて培土を行ない、その一～二週間後にも行なう。

アワは湿害を受けやすいため、転換畑で栽培する場合には徹底した排水対策を講じなければならない。特に、周囲に水田がある場合には、畦畔からの浸透水で圃場水分が高くなり、生育が停滞している間に、雑草が繁茂してアワ栽培を諦めざるをえなくなる。

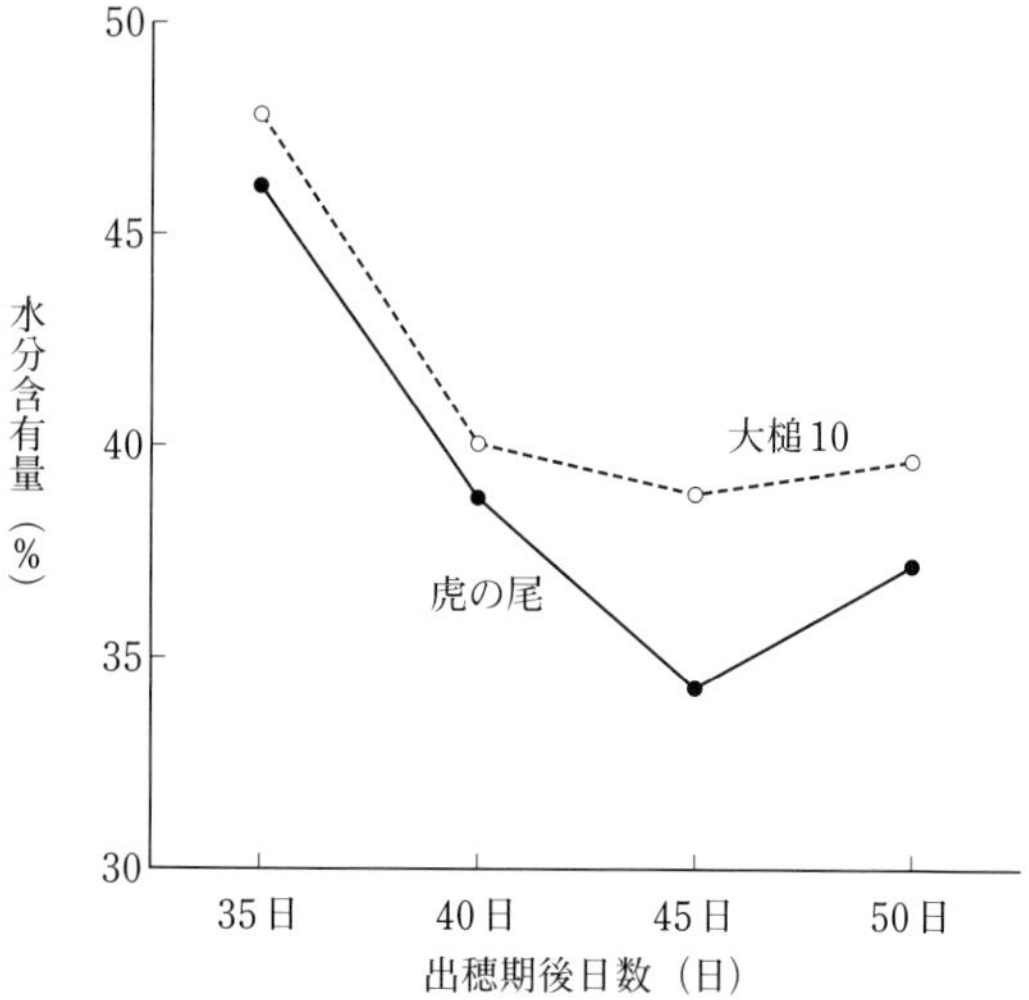

図3－10　アワ2品種の出穂期後日数と穂水分

③ 収穫時期の判断

アワは、出穂後の穂の水分含量の減り方がきわめて緩慢なのが特徴である。アワの穂水分含量は、出穂期後三五日に四五～五〇%もあり、その後穂水分含量は減少していく（図3—10）。九月中旬以降になると、秋冷・霖雨で穂が乾湿を繰り返す。そのため、大穂・密穂では乾燥しにくい。

発芽率、千粒重、粗タンパク含量は、出穂期後三五日以降はほぼ一定となる。また、α-アミラーゼ活性は出穂期後五〇日で上昇する。「虎の尾」のアミロース含量は出穂期後四〇~五〇日にほぼ一定となる。これらのことから、収穫適期は穂水分含量が三〇%以下になる出穂期後四五~五〇日といえる。おおよそ積算気温で九〇〇℃と、ヒエの場合よりも時間がかかる。

④ 収穫方法・乾燥・脱穀・調製

基本的にはヒエと同じでよい。アワの穂は互いに絡みつきやすいので、手刈りであってもヒエのようにはスムーズには収穫できない。ヒエにくらべてやや脱粒しにくく、十分に乾燥していない穂を脱穀すると、小枝梗に粒がついたまま脱穀粒のほうに入り込むことがある。量が多くない場合には、粒のついた小枝梗を集めて、棒やビール瓶で叩いて脱穀する。

調製は、ヒエで使用できる唐箕、籾摺り機、精白機であれば、そのまま使うことができる。

4 キビ

キビは、ヒエやアワと同じように、高温・短日条件で出穂が早まり、低温・長日条件で出穂が遅れる植物で、短日性植物である。北海道から沖縄県まで、全国各地で栽培されており、多くの在来品種がある。ヒエ、アワ、キビのなかでは、キビの穂型がもっともイネに似ており、イナキビとも呼ばれている。出穂するとしなやかに風になびき、茎葉の熟れ色もきれいだ。岡山県は「吉備の国」といわれ、桃太郎が鬼ヶ島に持って行った団子は黍団子で、吉備津神社周辺の家では大晦日にキビの餅を食べたという（増田 二〇〇一）。

キビの種子はヒエやアワよりも大きく、播種しやすい。しかし、出芽してしばらくするとスズメの格好の餌となり、出穂後の脱粒も激しい。穂の下部の開花が終わるころには、穂の頂部から脱粒が始まっているほど。

岩手県では、早生のウルチ「田老系」、モチの「釜石16」を選定し、現在は「釜石16」の栽培が多い。長野県では「黍信濃1号（中生、多収）」と「黍信濃2号（早生、やや低収）」が推奨されている。

1 キビ栽培の基礎知識

① 生育パターン

岩手県で栽培されている代表的品種、早生のウルチ「田老系」と、モチの「釜石16」を例に、その生育パターンを見ていくことにしよう。

五月下旬に播種すると、「田老系」は七月二六日、「釜石16」は八月一日に出穂する。

「田老系」と「釜石16」の草丈は、ほとんど同じように直線的に増加し、出穂期一週間後まで増加する傾向がみられる（図3—11）。また、両品種とも茎数は、七月中旬ころがもっとも多くて、株当たり四本。その後はわずかに減少する。茎数の増加率は七月上旬に高い（図3—12）。

葉数は、気温が上昇してきた七月上旬から、ほぼ一週間に一枚の割合で葉を展開していく。ただし、同じ早生品種でも、「田老系」と「釜石16」では、出穂期は数日しか違わないのに、前者は一五枚、後者は一八枚と、葉数は三枚も違った。葉数の変化を示した図3—13でわかるように、その要因は、「釜石16」の葉数の増加率が七月中旬以降に急激に減少するのに対して、「田老系」では「釜石16」よりも減少率が小さいことによる。

② 品種選びの実際

キビは、ヒエやアワと同じように、高温・短日条件で出穂が早まり、低温・長日条件で出穂が遅れる短日性植物である。キビは、地域によって、日長や温度に対する栽培されている品種の反応が違う。寒冷地の品種は温度に反応して生育が促進され、暖地の品種は温度よりも日長により生育が促進される傾向にある。ヒエやアワに比べると、生育期間が短く、脱粒しやすく、鳥害も大きい。子実は照りのある卵形をして、大きい。現在栽培されている品種は、ほとんどがモチ種である。千粒重も品種によって異なる。そのほかのキビの品種選びの基本的な考え方は、ヒエやアワと同じである。

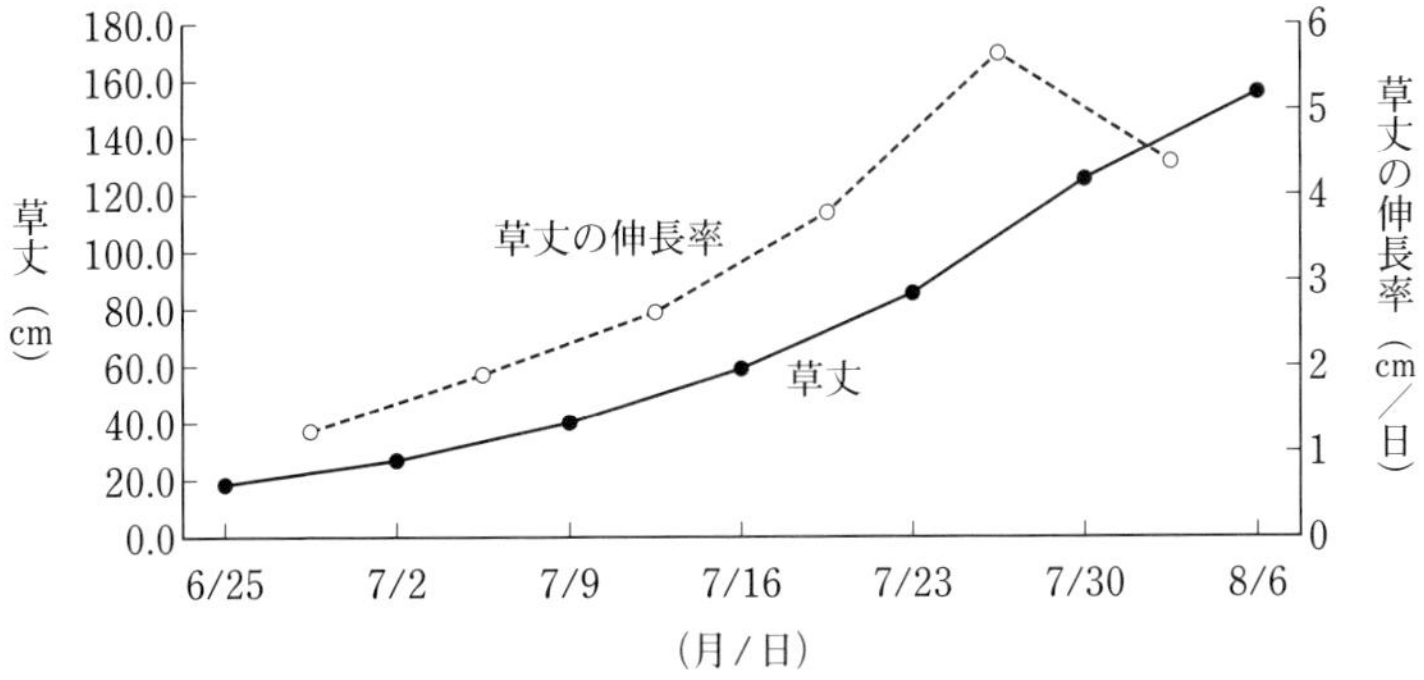

図3－11　キビ「釜石16」の草丈の推移と1日当たり草丈の伸長率

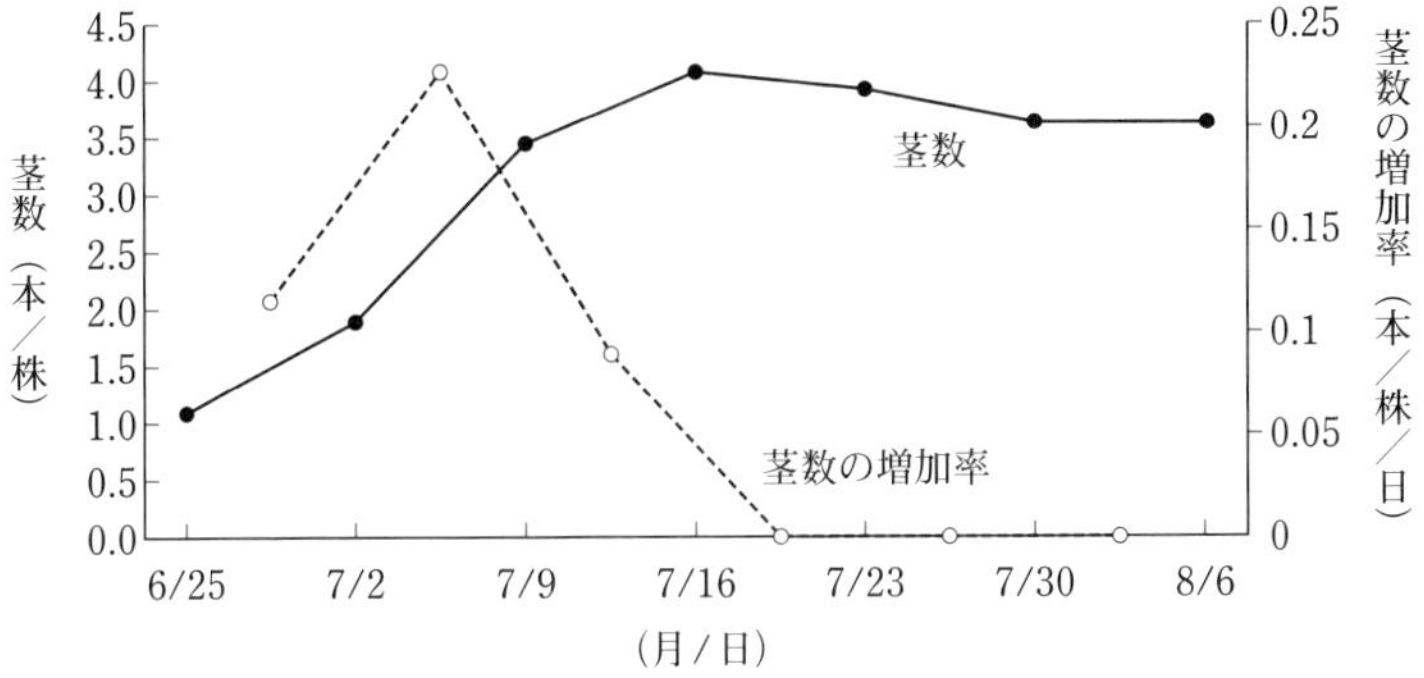

図3－12　キビ「釜石16」の茎数の推移と1日当たり茎数増加率

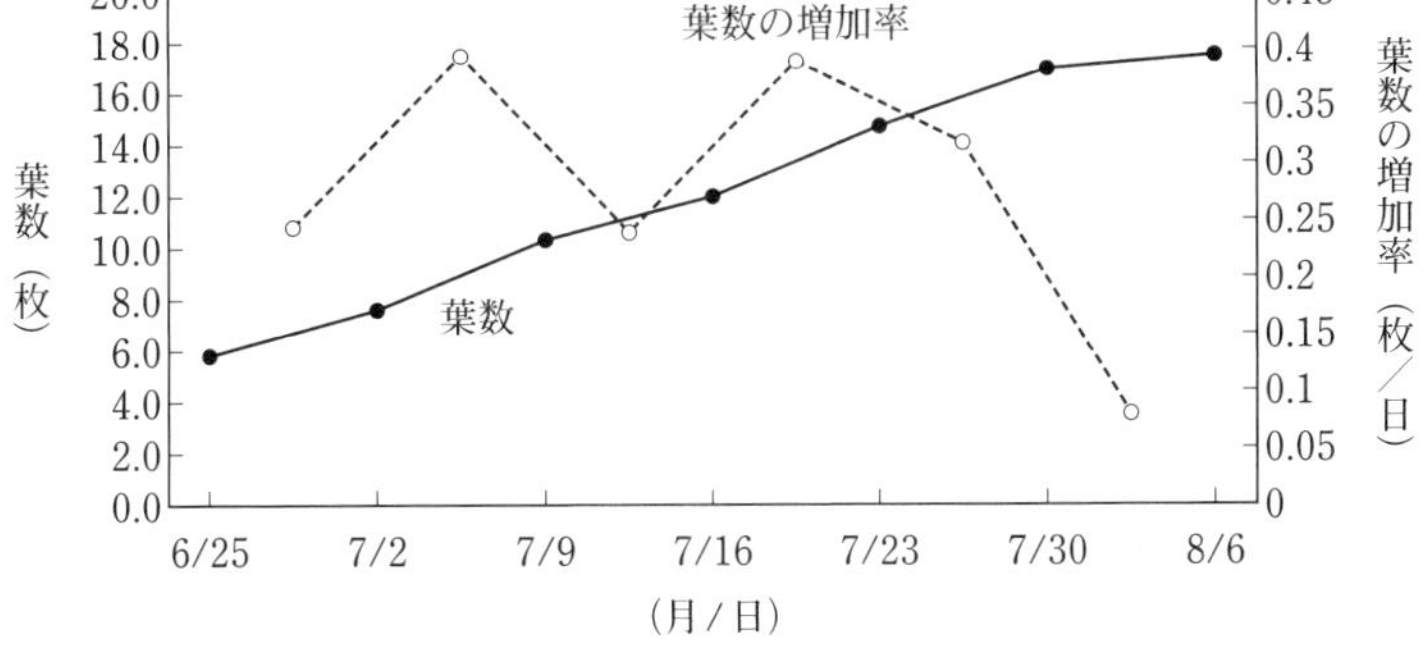

図3－13　キビ「釜石16」の葉数の推移と1日当たり葉数の増加率

表3－13　キビの土つくりと施肥

	地域	調査時期	系統名	土つくり（堆肥など）	施肥（N：P：K（kg/10a）	出典
北海道	平取町		5～6品種		無肥料～少肥	1）
岩手県	北部～中央部	2003～2010	釜石16（モチ）	1～2t	5：7：5	2）
岩手県	北部	2003～2010	田老系（ウルチ）	1～2t	5：7：5	
神奈川県	藤沢市	2007	田原村在来	堆肥	無肥料～少肥	3）
山梨県	現上野原市	1975～1977	3品種	下肥と過リン酸石灰		4）
長野県	（不明）	2010	信濃1号，2号	1t＋石灰100kg	4：5：5	5）
岐阜県	飛騨地域	2011	神岡大多和在来	2t	3：3：3	6）
熊本県	北部	2012	（不明）	3t/10a		7）
沖縄県	竹富町	2010	在来（モチ）	?	9：6：6	8）

注）木俣美樹男ら（1986）季刊人類学17（1）22－53, 2）岩手県農業改良普及会（2007）61, 3）倉内伸幸氏提供，4）木俣美樹男ら（1978）季刊人類学9（4）69－102，5）長野県農政部農業技術課（2010）主要穀類等指導指針，6）岐阜県農政部（2011）飛騨を守ろう　雑穀復活大作戦，7）東　博己氏提供，8）比嘉明美氏提供

2　栽培の実際

①　施肥

全国の産地のキビの施肥量は、表3―13示すように、ヒエやアワにくらべてやや多い。地力や前作によっても異なるが、堆肥を投入しない場合には多肥にする。ただ、品種によっては倒伏が懸念されるので、追肥が行なえるのであれば、基肥を減らして追肥にまわす。

②　播種時期・播種量・播種方法・播種後の施肥と管理

キビは、ヒエよりは寒さに弱い。早播きするとしても、ヒエ、アワの後に播種することである。全国的にみると、沖縄県の二月上旬から熊本県の八月上旬までの幅広い時期に播種されていることがわかるが、多くは四月下旬から五月中旬である（表3―14）。

キビの播種量はヒエよりは多く、アワと同程度の一〇a当たり六〇〇～一〇〇〇gであるが、千粒重が大きいので、茎立ち本数はアワよりは少なくてよ

表3－14　キビの栽培法と生育期

道・県	地域	播種法	播種量 (g/10a)	播種期 (月／旬)	移植期	出穂期	収穫期 (月／旬)	籾単収 (kg/10a)	出典
北海道	平取町	条播		5/ 中			8/ 下～ 9/ 中	300	1)
岩手県	北部～中央部	条播	700 ～ 1000g	5/ 中		8/ 上	9/ 中	250	2)
岩手県	北部	条播	700 ～ 1000g	5/ 中		8/ 上	9/ 中	250	
神奈川県	藤沢市	移植		4/ 下	5/ 下	7/ 下	9/ 上		3)
山梨県	現上野原市	条播		早生 4/ 中			9/ 中		4)
長野県	(不明)	条播	1000 ～ 2000g	5/ 中下～ 7/ 上			9 / 中下		5)
岐阜県	飛騨地域	移植	70 ～ 80cm × 40cm	5/ 上			9/ 下	300	6)
熊本県	北部	条播	600g	8/ 上			11/ 中	150	7)
沖縄県	竹富町	条播	1000g	2/ 上～ 3/ 中			5/ 下～ 6/ 中	100 ～ 150kg/10a	8)

出典は表3－13と同じ

表3－15　キビ「釜石16」の播種期と播種量

播種 (月／日)	播種量 (g/10a)	千粒重 (g)	子実重 (kg/10a)	倒伏程度 (0～5)
5/18	200	5.50	288	2.0
	400	5.48	272	2.5
	600	5.61	303	2.3
	800	5.58	341	3.5
5/25	200	5.40	228	3.0
	400	5.44	285	1.5
	600	5.35	276	2.8
	800	5.43	30	2.5
6/7	200	5.30	248	1.8
	400	5.29	252	3.5
	600	5.32	265	3.9
	800	5.26	222	3.3
6/15	200	5.20	242	2.5
	400	5.16	238	4.0
	600	5.17	229	3.3
	800	5.14	236	3.5

注1）岩手県農研セ H18
　2）倒伏程度：0＝無，3＝中，5＝多

い。ただし、岩手県の「釜石16」の播種時期と播種量との試験をみると、五月一八日、五月二五日播きでは播種量二〇g／aよりも八〇gの収量が多い。しかし、六月七日、一五日では播種量の間には収量の違いがない。播種量よりもむしろ、播種時期の影響が大きいことが明らかである。播種量が多くなると倒伏しやすくなる傾向が見て取れる（表3―15）。雑草の対策が行なえるのであれば、倒伏も考慮して、播種量は一〇a当たり二〇〇〜四〇〇gでよいようである。

播種方法には条播と点播とがあり、条播の場合には六〇〜八〇cmのウネに一本の線を引いて播くが、倒伏しない品種であれば一ウネに二条播きすることもできる。点播の場合には株間一〇〜一五cmに一点四〜五粒を播くのが一般的である。

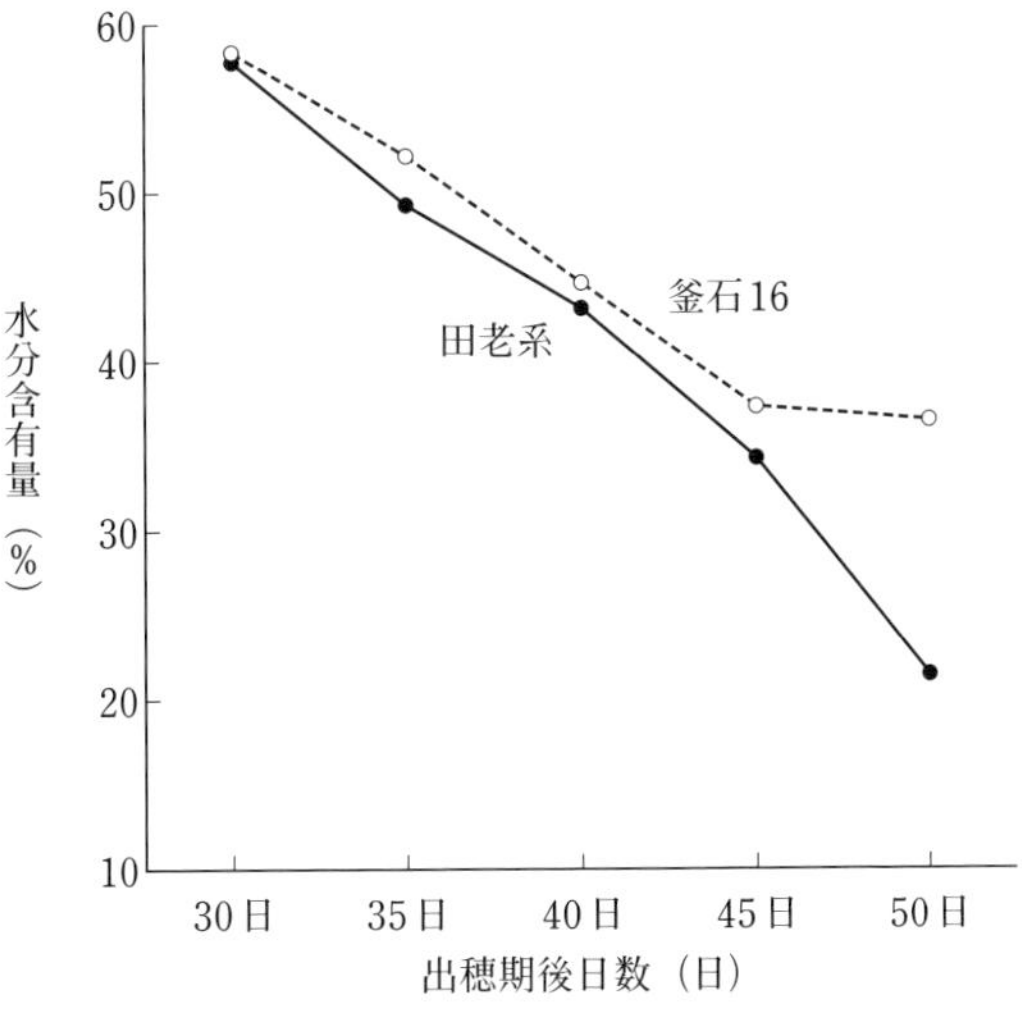

図3－14　キビ2品種の出穂期後日数と穂水分

③ 収穫時期の判断

降雨の多い年には、出穂期後三五日でも穂水分が五〇%もあり、ヒエよりは明らかに高い（図3―14）。一つの穂の中での稔り方は、キビの穂上部は出穂期後三〇日ころから黄化し始めて脱粒が始まるが、穂の下部では未熟のままで、穂の基部まで黄化するのを待てば、穂の半分以上は脱粒してしまう。

α-アミラーゼ活性は、出穂期後五〇日で上昇する。出穂期後三五日以降は、千粒重、粗タンパク含量はほぼ一定となる。また、「田老系」のアミロース含量は、出穂期後三五〜五〇日の間はほぼ一定である。また、ヒエやアワよりも鳥の食害を受けやすい。

これらのこと、および品種の脱粒性とのかねあいから考えて、収穫適期は出穂後三五〜四〇日ころである。ただし、登熟後半に雨が多い場合には、収穫を数日遅らせること。

④ 収穫方法・乾燥・脱穀・調製

基本的にはヒエやアワと同じでよい。ただし、キビは鳥に食べられやすく、脱粒しやすいので、鳥害対策とやや早刈りには、ヒエ、アワ以上に心がけること。鳥害対策としては、防鳥テープや防鳥糸を栽培している畑に直角に張って、空からの鳥の侵入を防ぐくらいしか方法がない。しかし、この方法も当初には効果があるが、長続きはしない。聞き取りをすると「鳥害がない」という畑が存在するが、その理由はわからない。

5 今ある機械を活かした省力栽培

これまで述べてきたことと重複することもあるが、ここでは水稲用の機械や小規模な機械を用いた小型機械化体系と、大規模な雑穀生産を目指した機械化体系について述べる。

雑穀の機械化作業でのポイントは、収量を確保するための適切な作業の管理である。特に、適期の中耕除草の徹底は重要である。また、収穫時のロスについても、手作業より多くなる傾向があり、これをいかに小さくするかが肝要である。

1 作業別の機械化体系

① 耕起作業

圃場は、できれば前年に雑草の繁茂の少ない圃場

雑穀の取引価格

収益性を考える場合には、取引価格は重要である。ヒエ、アワ、キビの籾単収はおおよそ一五〇～二五〇kg／一〇aで、ヒエの場合、販売価格は籾で二五〇～三五〇円／kgであることが多い。また、雑穀のマーケットが小さいことから、わずかな過剰生産が価格の下落に直結するなど、商品作物としての課題は多い。

や虫害のなかったところを選び、堆厩肥を畑地では二〜三t／一〇a、水田では二t／一〇aを投入し、ロータリ耕耘する。土粒子の砕土率については二cm以下の土粒子が八〇％程度になるようにする。PTOの回転数は五四〇rpm、PTOの変速段は二速または三速、前進速度はおおよそ〇・五m／s前後とする。作業能率は、ロータリの作業幅にもよるが、約二五〜四〇分／一〇aである。ただし、圃場の土壌条件にもよるので、耕起作業を始める前に数メートル走行して、目的通りの砕土率になっているか確認することが、その後の播種、発芽、初期除草の成否につながる。

②　播種と移植作業の機械化

歩行型播種機の利用　小規模の面積の播種であれば、写真3―10に示すような歩行型の播種機（株・向井工業製：ごんべえ）を用いるとよい。播種が曲がると、後の中耕培土などの管理作業に大きく影響する。そこで、播種前には、直進用の目印として写真3―11のような道具を用いて圃場に目標線を引いておき、できるだけ均一なウネ間で直線的な播種を行なうことを心がけたい。

播種用のベルトは「みつば、ひえ、あわ用」の条播用ベルト（写真3―12）を用いる。播種量はヒエでは約五〇〇g／一〇aであるが、一例として、表3―16に「ごんべえ」による播種量調査の結果を示す。「長十郎もち」には芒《のげ》があり、芒のない「なんぶもちもち」よりも八％程度播種量が少ない結果となった。また、アワやキビのように種子がツルツルしている種子の播種量は、さらに播種量が多くなる傾向がある。したがって、事前に播種量の確認を行ない、もし表の一〇a当たり播種量よりも少ない種子を播くときには、ベルトの穴をビニールテープでふさぐなどして、播種量を減らす工夫が必要である。

前作の残渣は、耕耘時にできるだけ細断しておくことが望ましい。また、大きな土塊がないように注意しておく必要がある。残渣や土塊が残っていると、溝切り板などに絡みついたり土壌が寄ったりして、正確な播種・覆土ができない。また、同様に駆動輪がしっかり地面についていないと均一な播種ができないので注意する。

種子については、芒のある品種は、脱芒処理をしてから用いるとよい。脱芒機も売られているが、大面積を栽培するのでなければ、種子を網目の小さい袋に入れて手もみしたり、袋の上から棒でたたいたりすれば芒を除くことができる。

作業速度は、おおよそ〇・六m／s前後で、作業能率は、五〇分／一〇aである。

歩行型には真空播種機もあり、一定の株間で播種できるので、間引きの手間を減らすことができる。ただ、本体価格は「ごんべえ」が約五万円ほどで入手できるのに対して、真空播種機はその四倍と、やや値が張る。

トラクタ直装式播種機の利用　乗用トラクタ直装式では、ロータリと播種機を組み合わせると、耕耘同時播種作業ができる。この機械を利用する場合も、播種機の駆動用接地輪が回らないと種子が落下しないので、注意が必要である。なお、乗用管理機を利用した播種作業も可能である（写真3―13）。農家によっては、接地輪に目印のテープを貼って回転を確認したり、小型カメラを駆動輪近くに装着し、運転席のモニタで確認したりしているケースもみられる。

作業能率は二条播きで三〇分／一〇a、三条播き

写真3－10　歩行型播種機（ごんべえ）による播種作業

写真3－11　播種用の目印引き

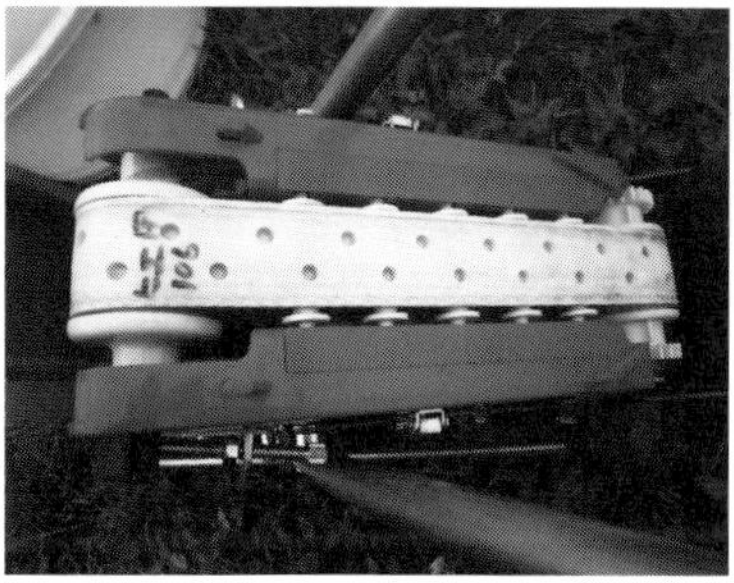

写真3－12　歩行形播種機（ごんべえ）の播種ベルト

表3－16　「ごんべえ」による播種量調査の例

品種	50m 走行時間（秒）	作業速度(m/s)	50m 区間播種量(g)	10a 換算播種量(g)
長十郎もち	75	0.67	17.5	500.5
なんぶもちもち	79	0.63	18.9	540.5
アワ	97	0.52	27.9	797.9
キビ	76	0.66	29.6	846.6

写真3－13　ロール式播種機
（写真提供：岩手県北農業研究所）

で二〇分／一〇a程度で、あまり走行速度を速くすると播種むらができる場合があるので注意する。

このタイプでは真空播種機も市販されており、種子量の削減と精密な播種が期待でき、アワなどでは間引きの手間を減らすことができる。ただ、真空播種機の場合も、接地輪の駆動には十分注意する必要がある。

グレインドリルの利用　最近は、グレインドリルを利用し、ムギやダイズの播種を行なう例もあるが、雑穀の播種にも利用できる。一台の畑作物用播種機で各種作物の播種に利用し、コストを下げることも考える必要がある。写真3―14に示すようなグレインドリル（AMAZONE：D9-25）は、コムギなどの播種やイネの乾田直播に使用している機械であるが、ヒエの播種にも使用できる。

写真3－14　グレインドリルによる播種作業

このグレインドリルのウネ間設定は一二cm単位であることから、七二cm間隔の四条播きに設定した。種子の繰り出し量は、事前に調整しておく。調整方法は、種子ホッパーにあらかじめ種子を入れ、繰り出し量調節レバー位置を設定した後、種子繰り出し管の下に受け皿を置き、駆動輪を規定回だけ回転させて落下した種子の重さを測定し、規定の落下数になっているか確認する。実際の走行時には、種子ホッパーには種子を多めに入れて一定の繰り出し量になるようにしたほうがよい。

また、機体が大きい分、傾斜地での使用には十分注意し、左右の傾斜が生じる場合は必ず、駆動輪が回転しているかの注意が必要である。種子については、芒《のげ》のあるものは脱芒機であらかじめ脱芒しておく必要がある。

作業幅は二・八八m、作業速度は一・〇～一・二m／sである。作業能率は約一〇分／一〇aで、高能率である。コスト面からは、共同利用や請負作業をするなどして、稼働面積を広げておくとよい。

③ 中耕培土作業の機械化

除草は、雑穀用に登録されている除草剤が少ないことと、消費者の多くは健康志向による農薬使用を敬遠する傾向にあり、雑穀栽培では鳥害の防止とともに一番の難問である。

中耕培土作業は、乗用または歩行型の管理機を用いるが、耕耘爪の配列に注意し、作業状態を見ながら調整する必要である。培土作業をしっかり行なわないと倒伏の原因ともなる。

小型管理機の利用　小規模栽培では、一般の畑作でも用いられている、写真3―15に示すような一ウネ用の小型管理機の使用がもっとも一般的である。中耕除草は雑草の状況により二回程度行なう。いずれも雑草があまり大きくならないうちに実施するとよい。

管理機だけでは株間の除草ができないので、株間についてはホーなどを用いて手取り除草しなければならない。この後、七月中旬に培土を行なって株元に土寄せして倒伏を防ぐ。このとき、管理機の爪配列は外盛りにし、培土板を装着して培土を行なう。

写真3－15　歩行用小型管理機による中耕培土作業

株間に土が寄せられないと小さな雑草が生き残ってしまい、しばらくすると手作業やホーによる仕上げが必要になってくる。事前に機械の調整をしておかないと雑草がはびこることになりかねないので、注意して行なう必要がある。また、七月下旬になると雑穀の根も張ってくるため、できれば七月二〇日ころには作業を終えておきたい。

写真3－16　培土板付きロータリーカルチ
（写真提供：岩手県農業研究所）

作業能率は、約一時間～一時間三〇分／一〇ａである。

ロータリカルチ　中耕培土作業には、トラクタまたは乗用管理機を利用した、直装形の三ウネ程度のロータリカルチがよく用いられる（写真3—16）。多連のカルチを用いると、播種時のウネの直進状態の影響が大きい。曲げて播種してしまうと、中耕除草時に根を傷めたり、作物そのものが削り取られたりしててしまう。播種段階から直進作業に心がけ、できるだけウネを曲げないことが、作物を傷めないことにつながる。

ミッドマウント式の乗用三輪式管理機は、作業機の様子を見ながら作業できるので重宝する。四輪式乗用管理機では、トラクタの場合と同様、後方をよく確認しながら、管理機をウネにあわせて作業しなければならない。

作業能率は、約二〇～三〇分／一〇ａである。

固定タイン式除草機　最近、株式会社キュウホー社から、写真3—17のようなバネ鋼材を用いた除草機が販売されている。適期に作業すると、効率的に除草可能である。各種オプションを装着することにより、雑草の生育状態にあわせて除草を行なうことができる。三回目の除草と培土では、写真3—18のような培土オプションを装着して培土を行なうことができる。ただし、株元にしっかりと土が寄せられるよう、事前に機械（培土オプション）の調整が必要である。土壌や作物の生育状態にもよるが、作業性能は比較的良好である。

作業能率は、約二〇分／一〇ａである。

写真3－17　タイン式除草機による初期除草の風景

タインの拡大写真

写真3－18　タイン式除草機による中期除草の風景（培土用爪を装着）

培土用爪の拡大写真

④ 収穫作業の機械化

雑穀用バインダの利用と注意点　現在、雑穀用のバインダとしては、写真3―19に示すような和同産業㈱から一機種販売されている（ZRM35M）。構造はイネ用のバインダをベースとして、ウネをまたいで走行できるよう車体全体をかさ上げして四輪タイプとしたものである。

刈刃の位置は、地面から約三〇cmで、イネと比較して稈長の長い、雑穀一般の収穫に適合するようになっている。各種雑穀での収穫試験によれば、稈長約一・五m程度までは対応できるが、それ以上の稈長に

写真3－19　雑穀用バインダ
（デバイダなどを改造したもの）

写真3－20　排出用の補助棒

稈が詰まりそうなときに，手で中央の棒（矢印）を押しながら左側に倒し,稈の排出をうながす

なると引き起こし爪のストロークが不足し、場合によっては稈の中盤から折れるような形になり、結束不良になることもある。また、機体左側の分草かんは、やや小さめであることから、茎や穂が絡まっている場合は、分草が不十分になりやすい。分草かんは、多少の工作の知識があれば自作製作可能であるので、作物の状態を確認しながら適宜製作してはいかがだろうか。

ちなみに岩手大学では、モチ性ヒエの「長十郎」（稈長一・八m）の収穫のため、写真写真3―19、3―20のように分草かんと排出補助棒を新たに製作し、長稈の雑穀の収穫に対応させた（武田ら二〇〇七）。刈取り状況は比較的良好であるが、バインダの特性として、稈が折れている場合は収穫ロスが多くなったり、場合によっては収穫が非常に困難となる。何らかの対策ができないものかと思案中である。

また、脱粒性のよい雑穀では、結束後の排出時に穂が地面にたたきつけられるとロスになるので、収穫時期を見極めて収穫する必要がある。

作業速度は〇・四～〇・六m／s、作業能率は、五〇～七五分／一〇a程度である。無理して作業速度を上げないようにする。また、稈が折れている場合は、稈の引き上げが不可能となるため、人力で稈を立たせて穂首を結ぶなどの対策が必要になる。できるだけ、立毛状態のよい状態を保つようにしたいものである。

なお、倒伏している場合、左側に倒伏しているほうが右倒伏よりも刈りやすい。

普通コンバインの利用と注意点　普通コンバインは、花巻地域の水田転作圃場での雑穀収穫や、二戸・軽米地域での畑圃場での雑穀の収穫に用いられており、刈幅は一・五m程度の機械が多い（写真3―21）。普通コンバインは、バインダでは収穫困難なやや倒伏ぎみの雑穀でも、極端に倒伏していなければ、引き起こしながら収穫することは可能である。二戸・軽米地域では、刈取り条数は畑圃場では二条にし、地際から三〇cm程度の刈高さにして、脱穀部での負荷が少ないように運転している。

写真3−21　普通コンバインによるヒエの収穫風景
岩手県花巻地域の水田での収穫。刈高さは70cm前後

収穫時の注意点をいくつか述べたい。

普通コンバインで雑穀を収穫する場合に問題になることは、作物自体の穂や稈の絡みつきをどのように回避するのか、リールの駆動軸部への稈の絡みつきをどうするか、折れている稈をどのように引き起こすか、などの問題を解消する必要がある。アワの場合は、稈が直立していても穂が近くのものと絡みついている場合があり、きれいに分草しないとヘッドロス（刈取り部での収穫ロス）が大きくなる。コンバインでの収穫ロスは、収穫する作物の状態にもよるが、一〇〜二〇％程度になることもあり、大きな課題である。特にヘッドロスには注意を払わなければならない。

したがって、岩手県北農業研究センターでは、未刈部の稈を機体の左方向へ寄せるために、左側のデバイダ（写真3―22）に試作した分草かんを装着し、作業がスムーズに進むようにしている（岩手県農研セ　H21）。ただし、作物の状態などによっては、この分草かんが変形する可能性もあるので、注意が必要である。また、若干の知識があれば、自作することは十分可能であると思われる。

リール軸への稈の絡みつきに関しては、適宜鋼材を用いて、デバイダ先端からリールの軸カバー上方へステーを伸ばし、リールサイドカバーとデバイダに稈がはさまらないようにしたほうがよい。また、ヘッダー部へ稈を導くために、デバイダ先端から

写真3－22　試作デバイダ（写真提供：岩手県北農業研究所）

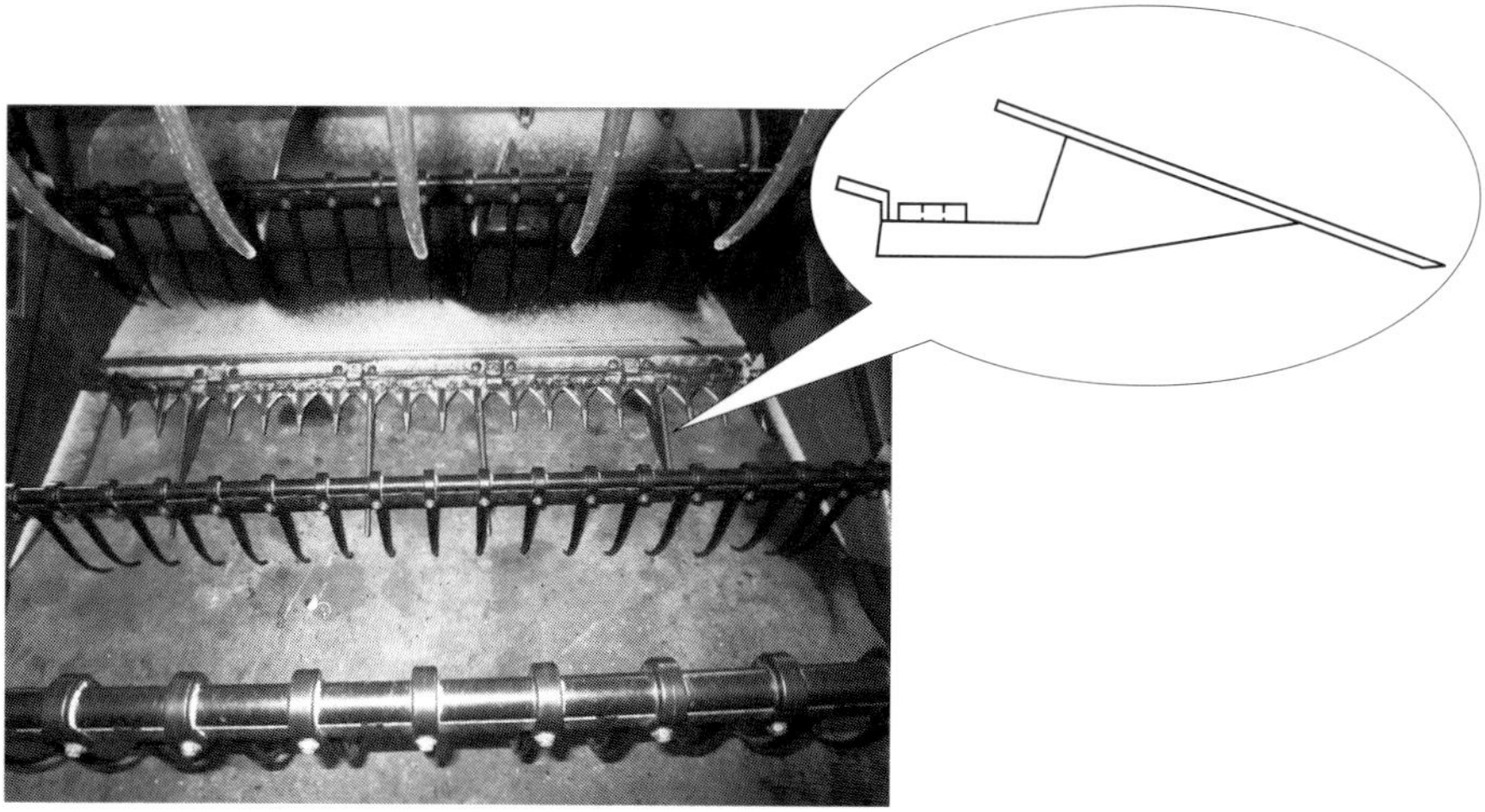

写真3－23　ヤンマー農機の大豆用リフターを装着したヘッダー

中央やや上側の刈刃部の前方に装着されているのがリフター（4本）。

図は大豆用リフターの側面概略図

ヘッダーの内側方向へ鋼製のガイドを設置したほうが、ヘッドロスを少なくできる。また、ウネ方向に倒れた稈の引き上げを補助するために、刈刃の下側のボルトを利用して、引き起こし用ガイドを設置したほうがよい（写真3―23）。

脱穀・選別部の調整としては、雑穀用のキットが販売されている場合はこれを利用し、扱き胴の回転数は茎葉が詰まらないようにやや速めにし、選別ファンの回転数は下げ、風量を抑えないと、子実の損失が大きくなる。受け網（コンケーブ）も雑穀用に交換しておく。また、傾斜した畑では、上りでは脱穀された後にワラとともに排出された穀粒（ささり粒）、下りではヘッドロスが増加しやすいとの報告があり、作業速度や脱穀部の調整、リールの位置などのヘッダー部の調整を行なう必要がある（岩手県農研セ　H20）。

天候条件や生育の状態によって稈が倒れることが往々にしてあり、せっかく育てた作物の収穫量が減ることもある。できる限りの対応を図り、ヘッドロスを抑えたい。なお、ヤンマー農機㈱の普通コンバインでは、錯綜するアワの分草のため、オプションとしてヘッダーの左側にカッターバーを垂直に設置し、未刈部とヘッダーに入るべき稈を分けるようにしている。ただし、穂が地面に落下するため、ヘッドロスを小さくするためには、落穂拾いをしなければならない。作業能率は、約三〇～四〇分／一〇ａ程度である。なお、短稈の「達磨」の収穫では、自脱コンバインの利用も可である（岩手県農研セ　H13）。

岩手県のキビとアワの機械化栽培マニュアル（二〇一〇年）によれば、作業能率は表3―17のよ

表3－17　キビ，アワの機械化栽培マニュアル

作業内容	使用機械	平均作業速度(m/s)	作業能率(分/10a)
播種	乗用型管理機	0.61	27.0
出芽前中耕	乗用型管理機	0.62	16.2
	歩行型管理機	0.75	36.5
早期培土	乗用型管理機	0.52	22.3
	歩行型管理機	0.64	39.4
仕上げ培土	乗用型管理機	0.35	29.1
収穫	普通型コンバイン	0.62	36.8

（岩手県農研セ，県北農研　2010）

うになっている。

2 水田への移植栽培法

① 育苗法

水稲の育苗法と同様である。播種量が五〇g／箱だとマット形成が劣り、苗補給の際にマットが崩れ、移植爪で掻き取れなくなる。宍戸ら（二〇〇二）の研究によると、二〇g／箱がよいとされている。

イネでも行なわれているプール育苗や、ハウスに平置きして育苗する方法がある。長谷川ら（二〇〇二）によると、プール育苗法は、ハウスに平置きしてする育苗法よりもマット形成がよく、病害発生が少なく、水管理も省力的だと報告されている。

移植の目安は、葉数は三～四枚、草丈が約二〇cm、育苗期間は二〇～二五日である。ただし、ヒエの育苗は、イネの移植後に空いたハウスで行なうことが多いため、イネ育苗よりも高温下での育苗となってしまう。播種後二週間で、葉数は約三枚、苗は徒長ぎみで草丈が二〇cmになる。草丈の長い苗は移植爪で掻き取りにくくなる。

ヒエの苗は、根絡みがイネよりも劣る（マット形成が劣る）。余裕がある場合には、播種後二週間ころに、徒長した葉を、草丈で一五cm程度まで切り落とし（写真3―24）、少々の追肥をする。その後一週間おいて、育苗箱内のマット形成をよくしてから移植するとよい（写真3―25）。

表3―18に、移植用のヒエの苗における剪葉試験の結果を示す。播種日は六月初旬である。六月一六日時点では、草丈、葉令、根長の平均が、それぞれ一七・〇cm、三・一cm、一・四cmであった苗の葉先部を剪葉して、草丈五cm、八cm、一一cmにし、化成肥料を五g／一箱施した場合の、六月二三日での苗の生育結果である。

この結果、草丈を五cmに剪葉した場合は、根長も長くなり、根絡みもよくなる傾向があった。植付け前に、もう一度一五cm程度に剪葉して移植すると、植付け爪上での苗の詰まりはほぼ心配なくなる。大面積の移植では手間がかかるかもしれないが、小面積の移植では苗マットの形成状況がよくなるので、試してみるとよい。

② 移植法

一〇aに必要な育苗箱数は、おおよそ二二枚であ

表３－18　草丈 5cm，8cm，11cm に剪葉した苗の1週間後の草丈と根長

	6月16日の剪葉高さ		
	5cm区	8cm区	11cm区
草丈（cm）	19.7	27.1	26.2
根長（cm）	8.1	7.3	6.7

注）6月23日の苗の生育結果。それぞれ10個体の平均値

写真3－24　刈払い機による剪葉の様子

写真3－25　移植前の苗の根絡みの様子

写真3－26　花巻地域での乗用田植機による水田へのヒエの移植栽培

る。側状施肥装置を搭載した水稲用田植機を用いて、通常の田植えと同様に三〇cmの条間で移植する。ウネ間三〇cm、株間二〇cmで植える。これで坪当たり五五株前後となる。順調にいけば八条植えの田植機では二〇～三〇分／一〇aで問題なく移植ができる（写真3―26）。ただし、苗マットの形成が悪いと苗の掻き取りがスムーズにいかず、掻き取り爪付近に

苗が絡まって欠株となったり、詰まった苗の除去による時間のロスが多くなる。

移植後は、落水したほうが湛水状態よりも活着がよいように観察される。

③ 移植後の施肥と管理

活着後は、水稲用の動力除草機で除草ができる。

時期的には、移植後一カ月後くらいを目処とする。

作業速度は、人力除草機（三条用）と動力除草機（二条用）で、それぞれ〇・四m／sと〇・六m／s、作業能率は八〇分／一〇aと四〇分／一〇aで、手取り除草の作業能率を基準とすると、人力除草機は五分の一、動力除草機は一〇分の一の作業能率である。なお、人力除草機と動力除草機の除草後の残草量に違いはない（岩手県農研セ　H13）。

④ 収穫作業

収穫作業は、短稈の「達磨」については自脱コンバインで収穫可能である。稈長が一三〇cm以上では扱き口が詰まりやすいので、刈高さを一五～三〇cm高くして収穫するとよい（岩手県農研セ　H13）。なお、子実が小さいので唐箕の風量については十分調整し、ロスが少なくなるようにする。

機械適応性の高い「達磨」以外の品種やほかの雑穀の収穫については、普通コンバインによって収穫する。その場合、風量の調整のほか、プーリーとベルトを付け替えて、扱き胴の回転を下げるなどの対応が必要となる。扱き胴に入る茎葉が多くなると脱穀ロスが多くなるので、稈長が長い品種については刈高さを高めに設定し、残稈については、フレイルモアで短く刈り取るようにするとよい。

ヒエの収穫作業能率は、二〇分／一〇a、ハトムギの場合は稈が太いので作業速度は少し遅くしなければならず、作業能率は二七分／一〇aである。

3 畑への移植栽培の可能性

移植栽培は除草回数を減らすことができるので、有効な手段と考えられる。ここでは既存田植機によるヒエの畑圃場への移植栽培試験（西ら二〇〇七）と、セルトレイ苗による移植栽培（岩手県農研セ　H23b）について紹介する。

① 移植に用いた苗

供試品種は「ノゲヒエ」（在来種）である。移植に用いた苗は、六月五日に水稲用の苗箱に五条件（三五〇〇粒＝A区、四〇〇〇粒＝B区、四五〇〇粒＝C区、五〇〇〇粒＝D区、五五〇〇粒＝E区）で播種し、二五℃の人工気象室で発芽揃いまで生育させてから、その後屋外で第四葉期まで育苗した。この時期は気温が高くなることもあり、苗が徒長したため、移植前日に株元から一五cm程度に鋏で切り揃えた。移植は六月二九日に行なった。圃場は、雑草や前作の残渣がないように、移植前にロータリで十分耕起しておいた。

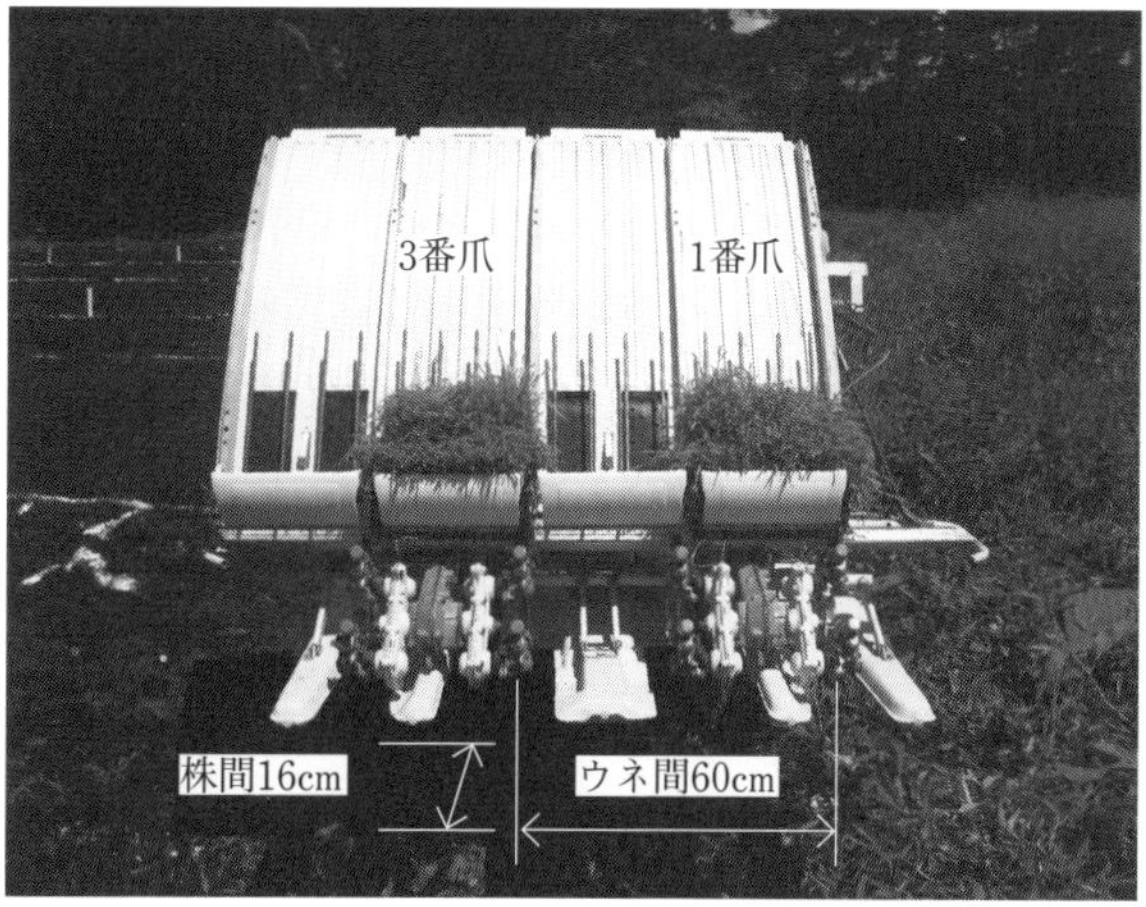

写真3－27　稲用の苗箱に育苗したヒエを田植機で移植
乗用形四条植田植機（クボタ S1-400R）

田植機は乗用の四条植えを用い、苗はウネ間が六〇cmになるように一ウネおきに苗載せ台にセットし、株間は一六cmとした（写真3－27）。

なお、移植時の圃場水分には、もっとも気を遣うところである。根の活着を考えると、できれば降雨前後の移植が望ましいが、乾燥が続いた場合は、移植用の苗マットに十分水分を補給するのみならず、移植後に圃場を転圧するなどして、水分の蒸散を少なくし、根の活着を促進させたい。また、乗用の防除機を所有している場合は、天候と苗の状態に応じて水分補給を行なうとよい。

②　欠株と収量との関係

移植後の欠株率と播種密度の関係は、播種密度が大きいほど欠株率が低下する傾向がみられ（図3－15）、一カ月後の欠株率ではB区で高かったものの、ほぼ同様の傾向がみられた。また、一株当たりの植付本数は、播種密度が多くなるほど多くなる傾向があった。

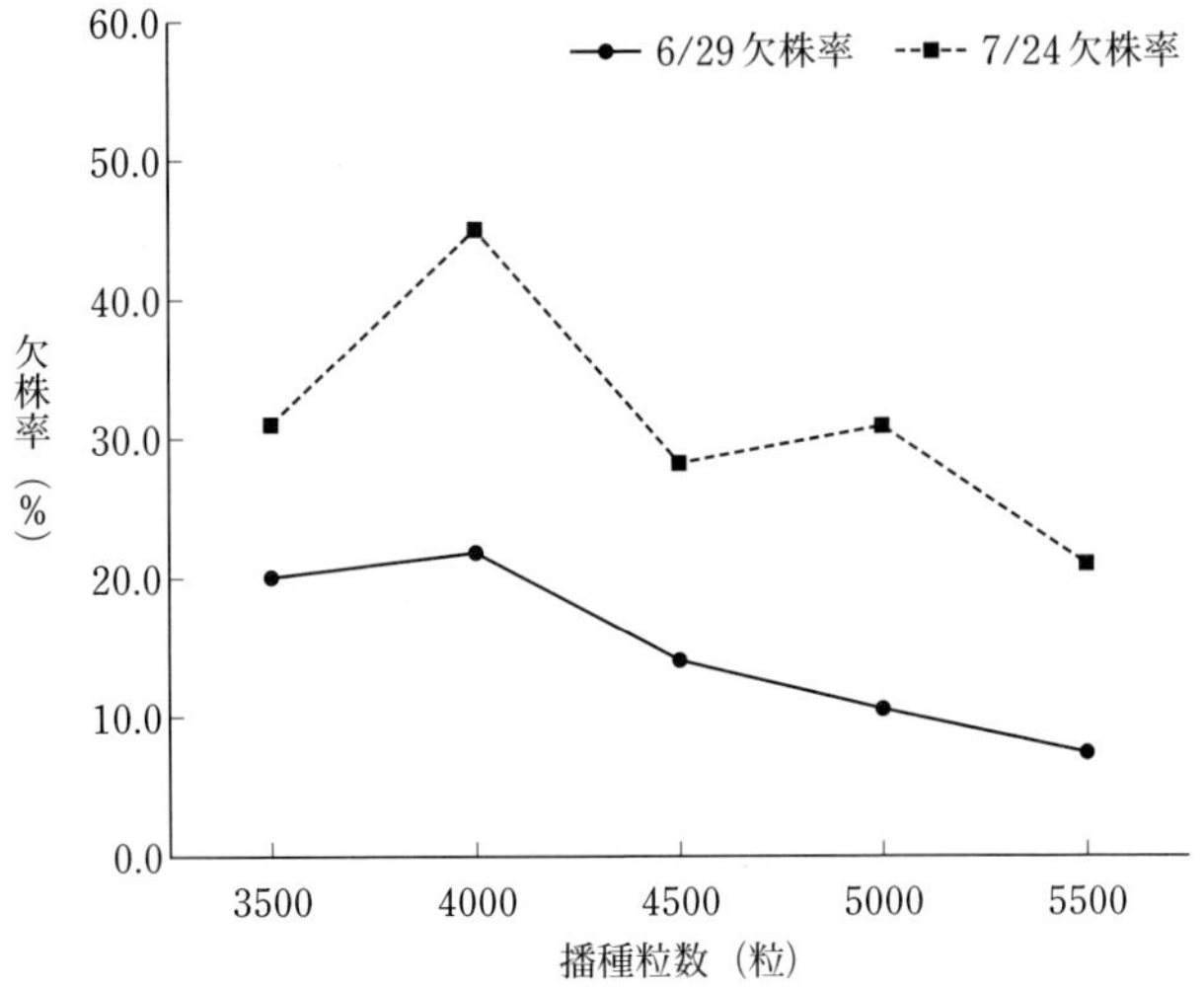

図3－15　播種粒数と欠株率

表3－19　播種密度が主要形質に及ぼす影響

播種密度	雑草乾物重 (g/m^2)	稈長 (cm)	穂長 (cm)	玄穀重 (kg/10a)	千粒重 (g)
A	25.5	148.1	15.6	249.7	2.6
B	31.6	148.5	15.8	229.5	2.6
C	21.5	153.4	15.2	253.1	2.6
D	26.6	151.2	15.6	243.5	2.6
E	27.3	151.6	15.5	247.4	2.6

注 1）玄穀重，千粒重は水分含量 13.5%に換算
　2）分散分析の結果，播種密度間に有意差はない

表3―19には、播種密度が雑穀乾物重、主要形質に及ぼす影響について示した。この結果、播種密度が多くなると、わずかに稈長が長くなる傾向が認められたが、雑穀乾物重、主要形質は播種密度とは統計的な有意差は認められなかった。しかし、雑穀の乾物重が多くなると玄穀重が減少する傾向がみられ、欠株率と玄穀重の間には明確な負の相関、つまり欠株率が増えれば玄穀重が減る傾向がみられた。

③ 小型管理機による除草と収量

除草回数と玄穀重、播種密度の関係をみると、E区の二回除草が三五〇kg／一〇aでもっとも玄穀重が多く、次いでA区の無除草が三〇〇kg／一〇aと高かったが、そのほかの区は一五〇～二五〇kg／一〇aの間にあり、除草回数による差はみられなかった（図3―16）。

除草回数と雑草量、主要形質への影響を見てみると、無除草は一回除草と二回除草に比較して明らかに雑草量が多く、稈長は長く、穂長も短くなり、倒伏も認められた。しかし、除草回数と玄穀重、千粒重との間には有意な関係はみられなかった。

以上の結果、多収を得るには、「播種粒数が多いほど良好」という結果が得られたが、種子量、倒伏などを総合的に考慮すると、播種粒数は四五〇〇粒（二三g）／箱が適当と考えられた。除草については小型管理機により、移植後一～二回除草を行なうことで雑草量はかなり抑えられるので、除草作業の省力化が可能であり、六月下旬の移植栽培でも二五〇kg／一〇aの玄穀重を得ることができた。

ただし、四条植えの田植機では、車輪の轍と植え付けたウネの一方が重なり、移植深度が浅くなる。そのため、できれば五条植えを用い、培土板やフロートと後輪の間に、小型ロータや均平板の設置を検討したほうがよいと思われる。さらに、植付け爪からの苗の離れをよくするために、植込みフォークの先端を塞いだり、床土の水分量を検討するなどの課題が残されているものの、既存機械の有効利用や労力分散などに期待がもてる技術である。特に中古農機を利用することが可能であれば、ローコストで能率的な作業が可能と考えられる。

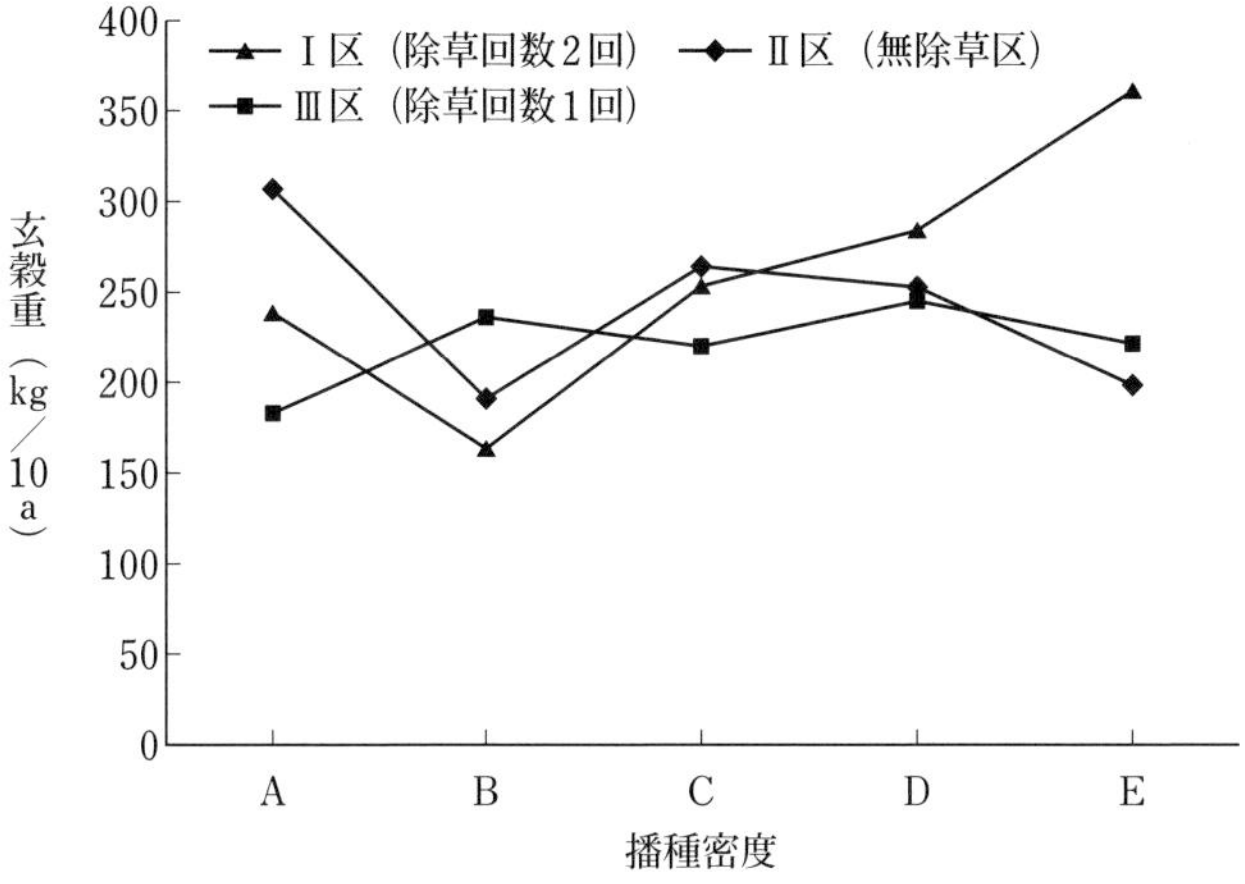

図3—16　除草回数ごとにみた播種密度と玄穀重との関係

接種密度　A：3500，B：4000，C：4500，D：5000，E：5500粒

④ セル苗を用いる畑移植法

雑穀の移植栽培での抑草効果に関する岩手県農業研究センターの試験結果によると、移植栽培は直播栽培にくらべ生育初期の雑草との競合に有利であり、その後の遮蔽効果などにより雑草の発生量が少なく、直播栽培よりも収量が多くなるとされている。

ただ、この試験はセルトレイ育苗した苗を用い、三人組で手作業により移植を行なったものであり、早期の機械化が望まれている。なお、アワやキビは乾燥に弱いので、移植前に根鉢への水分補給や、移植する圃場の水分状態に注意しなければならない。

実例

雑穀生産の現場から

◆手作り農具による伝統的栽培法

【岩手県岩泉町　傾斜畑での栽培】

岩手県岩泉町には、現在でも畑地で小規模に雑穀の栽培を続けている農家が約二〇戸あり、そのほとんどの方は高齢者である。岩泉町の平場の圃場では、一般にイネやデントコーンなどが栽培されており、雑穀は必然的に傾斜畑への作付けとなる。コストのかかる機械を導入せず、身の回りの自然環境から道具を作って利用してきた先人の知恵が脈々と受け継がれている。

大まかな作業工程は、134〜135ページの表と写真のとおりである。

耕起作業は、自身で南部踏み鋤で耕起するかあるいは作業委託し、その後、オオジャクシで丹念に表面を耕起することもある。耕起後は、斜面の上下方向に六〇〜八〇cm程度の間隔に、オオジャクシを使って深さ一〇cm程度の溝を切る。この溝に種子を播きながら、同時に足で溝に土を寄せて踏むことによって転圧し、発芽を揃える。

播種後十日前後で出芽するが、その後は雑草の伸び具合を見ながら、コジャクシと呼ばれるオオジャクシを小型にしたような農具を用い、ウネ間と株間の除草を三回程度行なう。

収穫は、地際から約一五cmの高さで、鎌を使って刈り取る。乾燥は、ヒエの場合は株元から刈り取り、ヒエシマ（ヒエ島）を作る。アワなどでは、穂首から切断してハセ掛けにして乾燥する。

乾燥後は、いずれの雑穀も木槌やマドイリ、ビール瓶で脱穀を行なう。脱穀後は唐箕で選別を行ない、足踏バッタで精白したが、今では雑穀を扱う地元の第三セクターの会社に出荷している。

◆ボッタ播きにこだわった栽培

【岩手県久慈市　橋上さんご夫婦】

高齢者で「ボッタ播き」を知らない人はいないくらいに、かつては一般的な播種法であった。ボッタ播きとは、簡単に言えば、穴の中に人糞尿と化学肥料を入れて混ぜ合わせ、その中に種子を加えてよく混ぜ合わせたものを播種する方法である。今ではほとんど見ることができないが、岩手県久慈市で偶然に、ボッタ播きをしている農家（橋上さんご夫婦）に巡り会うことができた。

●伝統の技「ボッタ播き」

ボッタ播きの方法を詳細に見ていこう。

まず、畑に穴（ボタ穴）を掘り、その穴に人糞尿を入れ、馬糞（牛糞）で粘度を調整し、過リン酸石灰、水を加えて作った液状の物質に種子を混ぜて「ジギ」（「ボッタ」に種子を混ぜたもの）を作る。

出来上がった穴の中のジギを、柄杓でフリオケ（振り桶）やバケツに汲み取り、その中からジギを手ですくい取りながら、手の甲を地面に向け、手首でスナップを利かせながら播く。このときの微調整がみごとで、人差し指と中指の間から親指で調整しながら、一掴み五〇㎝程度の長さに播種していく。この作業を「ジギ播き」または「ゲスふり」と呼び、男性の役割りである。ジギ播きする男性の後から、女性が、片足で覆土し、もう片方の足で一定のリズムを刻みながら、覆土・踏圧していていく（写真3―28）。ジギが地面に振り播かれるときに、「ボタ」、「ボタボタ」と音を立てることから「ボッタ播き」と名付けられたと思われる。

写真3－28　ボッタ播き

●「ジギ」の作り方

「ジギ」の作り方は、ジギを作る穴の大きさを決めることから始まる。この大きさは、播種する面積によって異なる。橋上さんの場合には、直径一・二ｍ×短径一・一ｍの楕円形で、深さは二〇～二〇㎝ほどの穴を掘り、その穴に六〇ℓほどの人糞尿を入れ、粘度調整のための馬厩肥を加え、さらに六〇ℓの水を入れる。その中に過リン酸石灰（一㎏）を加え、種子を入れて（六〇〇ｇ）かき混ぜる。これが、Ａさんの畑、約二二〇㎡のジギを作るための穴の大きさであり、使用する材料の量である。このジギを圃場に均一に播種する。播種量は一〇ａ当たり約八〇〇ｇに相当し、岩手県の標準播種量〇・五～〇・七㎏／一〇ａにほぼ匹敵する。

橋上さんによれば、人糞尿は必ずしも熟成したものでなくてもよく、馬糞を使うのは未分解のわらが多く含まれているため、粘度調整に牛糞より優れているからだという。ボッタに種子を入れるのは当日でも前日でもよく、ボッタに混ぜ合わせることにより発芽促進に効果があるのではないかと推察される。

畠山剛氏の調査では、使用する人糞尿は、熟成し、繊維分や草本の種子を腐らせたものがよいとされているが、実際には個々の農家でさまざまに工夫されていたのであろう。記録によっては、Ａ氏が使用している馬糞を加えていない作り方も見ることができる。

なお、ボッタ播きには、発芽をよくするための水分保持と、種子のそばに人糞尿を配することによって、その後の初期生育をよくする効果も併せ持っているとの評価もある。

●ボッタ播きと化学肥料との比較栽培

ボッタ播きと化学肥料を施肥した栽培を比較してみた。使用した品種は、橋上さんが長い間栽培してきている「赤ヒエ」と呼称している長稈、やや早生、ウルチ性のヒエ在来系統である。

伝統的栽培法

ジギ作り ← 地ごしらえ

人糞尿と牛馬糞に
水を加えて作る

オオジャクシによるサゴひき，
深さ10cm程度の溝を切る

踏み鋤による粗起こし

シャクシ(左：コジャクシ，
右：オオジャクシ)

踏み鋤

ヒエの作業・栽培管理工程

地ごしらえ	粗起こし	踏み鋤
	肥ちらし	ウネ間に厩肥
	えばる	オオジャクシでウネからウネ間に土寄せ，整地
	サゴひき	ウネ中央の両側にオオジャクシで作溝（サゴ）
播種	ジギふり	人糞尿と牛馬糞に水を加え種子をまぜ，素手で点播あるいは条種する
踏ん掛け	覆土と鎮圧	足で両側によせながら踏む
草取り		コジャクシで，播種後 4 週間頃に除草，2 回目の除草は間引きと兼ねる
切っ掛け	土寄せ	
ヒエ刈り	収穫	鎌で手刈りをする
ヒエシマ	圃場乾燥	4 つかみで 1 把，数把単位を 10 ～ 12 把でシマを作る

畠山剛 1997　縄文人の末裔たち　彩流社より作表

手作り農具による

播種 → 踏ん掛け → ヒエ刈り → ヒエシマ → 脱穀 → 精白

タネを播きながら
足で土寄せと転圧

地際から15cmの高さ

アワの場合は穂首で
切ってハセ掛け

マドイリ(三又)

木槌やマドイリ，棒などで叩いて脱穀

水車(水バッタ)，
足踏みバッタで
精白

表３－20　ボッタ播き区と化学肥料区の農業特性

	ボッタ播き区	化学肥料区
出穂期（月／日）	8/7	8/5
止葉窒素含量(mg/100mg)	1.61	1.75
桿長（cm）	154.7	163.0
穂長（cm）	11.8	11.6
m^2 当たり穂数	73.4	108.2
千粒重（g）	2.46	2.88
10a 当たり玄穀重（kg）	97.5	157.1
玄穀粗タンパク量（%）	9.3	9.8

生育や玄穀重を比較したところ、橋上さんのこれまでのやり方で行なったボッタ播きした区（ボッタ播き区）と、一〇a当たり窒素換算で四kgを施肥した区（化学肥料区）では、ほとんどの形質で有意な差は認められなかった。ただ、穂数、千粒重、収量では、有意に化学肥料区がボッタ播き区より優った（表３―20）。「ボッタ播き」は人糞尿に速攻的な肥料の効き目を期待した方法ではあるが、その意味からは、化学肥料のほうが「ボッタ播き」より穂数を増加させ、収量増加に結びついたと考えられる。

高齢者は、「昔はボッタ播きをさせられ、今みたいにゴム手袋もいい洗剤や石けんもなかったから、何週間もジギの匂いが付いて大変だった」と、懐かしそうに話してくれる。昭和三十年代以降、化学肥料が容易に入手できるようになると、ボッタ播きは姿を消した。

ボッタ播きは化学肥料のなかった時代の人糞尿の有効利用であり、コーティング種子であり、究極の側条施肥技術であり、農家の智恵の凝縮された技であることを痛感できた貴重な体験であった。

◆小型農業機械による雑穀作り

1　七十歳代の奥さんご夫婦の雑穀作り

岩手県二戸市の奥さんご夫婦は七十歳代である。現在、水稲六〇a（田植機で移植し、収穫は委託）を中心に、雑穀は一五aほどを無農薬、肥料は鶏糞と化学肥料で、手作業による栽培に取り組んでいる。後継者はいないので、夫婦で力を合わせながら、地元の農家約二〇名と一緒になって、地元食材や雑穀の料理などを作り提供する「ぎばっての会」に参加し、楽しみながら元気に農業に従事している。経営概要を表３―21に示す。

奥さんの栽培技術は次のようになっている。

年によって作目や作付け面積は異なるが、ヒエ五～一〇a、アマランサスとキビ一〇a、コウリャン五aである。二〇一二年はペレット鶏糞（二〇〇kg／一〇a）と化成肥料（窒素二kg、リン酸六kg、カリ八kg）を施肥し、トラクタで耕起してから、小型管理機でウネ間を七五cmとして、播種量は五〇〇g／一〇a。種子を灰と混和して、手で条播する。除草は手で行ない、畑には雑草は見あたらないほど整然と管理されている。生育の悪いところには追肥（七月上旬）をするが、普通は追肥しない。最近は虫害が目立つようになってきたが、JAとの協定で無農薬栽培を行なっている。

出穂後一カ月ころに株元から数十cmの

高さで鎌で刈り取り、束を作り、穂を上にして自然乾燥する。島立てにしないのは手間がかかるからである。

籾収量はおおよそ三〇〇kg／一〇a（玄穀収量はおおよそ二二〇kg／一〇a）で、販売価格は籾で三〇〇円／kgである。

奥さんは、ヒエはパサパサして美味しくない思い出があるので、食べない。しかし、モチ性ヒエ新品種「長十郎もち」で搗いた餅は美味しいため、二〇〇八（平成二十年）から栽培している。

表3－21　岩手県二戸市　奥さん経営概要

地形	中山間地域
品種	長十郎もち　5a（稈長 150cm，穂長 19cm）
営農形態	個人
作期	5月中旬播種，9月中旬収穫
収量	籾 320kg/10a（玄穀 220kg/10a） キビ（釜石 16）
輪作体系	食用トウモロコシなどの輪作（麦類は作付けしない）
労力	本人，夫
機械	小型管理機
作目	水稲 60a，大豆（自家用），野菜（自家用）

二〇一二（平成二十四）年、奥さんは面白い経験をした。この年は播種直後に大雨に遭い、種子が流されたため、あきらめていた。ところがその数日後から前年のこぼれ種子が発芽してきた。発芽はまばらであったが、奥さんは、あきらめずにその後も管理をした。なんとこの年、一六〇kg／五aと予想外の収量を上げたのである。一〇aに収量換算すると、三二〇kgもの収量であった。奥さんは、期せずして薄播き効果を実感した。近くに「ごんべえ」で約一kg／一〇a播種したヒエがあったが、その圃場は出穂前に倒伏し、雑草が繁茂し、収量は皆無であった。

雑穀栽培が増えるにつれて、病害虫の被害が無視できなくなってきている。奥さんは数種類の雑穀を輪作して、連作障害が起きないように配慮しているものの、連作による減収は明らかである。高齢者にとっては作業負担の軽減が最優先の課題となっている。現在栽培している農家からも、これまでのように無農薬・少化学肥料での栽培が続けられるのかを懸念している。

2　中山間地域の比較的小規模な川村さんのヒエ栽培

花巻市大迫町、川村孝信さんの経営概要を表3—22に示す。

表3－22　岩手県花巻市　川村孝信さんの経営概要

地形	中山間地域
品種	達磨
営農形態	組合（5名）
作付け雑穀	ヒエ（達磨 1ha），イナキビ 17a，タカキビ 25a
作期	5月中旬播種，9月中旬収穫
収量	籾 250kg/10a（玄穀 170kg/10a）
輪作体系	ヒエ連作＋ヒエと水稲 その他雑穀（麦類は作付けしない）
労力	田植え，収穫以外は本人，夫
機械	小型管理機
作目	水稲 2.7ha

川村さんは、五名の生産者で雑穀研究会を作り、一九九五（平成七）年に、ヒエ、アワ、キビとコメをブレンドした地元ブランド「権現米」の販売を独自に開始した。現在は、その販売は雑穀の調製・加工・販売を行なっている「プロ農夢花巻」に移管しているが、雑穀栽培への情熱はいささかも衰えてはいない。

一九九八（平成十）年、川村さんら雑穀研究会の仲間は、機械収穫が可能な短稈の品種「達磨」を用いて、田植機での移植、除草は人力・動力除草機で二回ほど行ない、汎用コンバインでの収穫に挑戦した。

牛堆肥一t、基肥として雑穀専用肥料（窒素換算で一〇kg）を施肥する。苗作りは育苗センターに委託した。五月二二日播種。播種量は二〇g／箱。その苗を一箱六〇〇円で購入する。移植の箱枚数は二二枚／一〇aで、移植は六月一〇日に行なった。

籾単収は二八〇kg／一〇a、玄穀収量に換算すると、約一九〇kg／一〇aとまずまずの成績であった。しかし最大の課題は除草作業の軽減であったという。川村さんは、雑穀に登録のある除草剤があればと強く望んでいる。

◆機械化一貫体系による雑穀作り

1　借地・委託作業による作業体系【岩手県二戸市　足沢広行さん】

岩手県北の足沢広行さんは、二〇〇八年からモチ性の新品種「長十郎もち」を栽培している。当初、「ごんべえ」での播種、収穫はバインダで行なっていた。しかし、施肥の必要のないタバコ跡の借地が可能になったため、二〇一一年は数カ所にまたがってはいるが、合計一・一haの畑圃場で雑穀栽培が可能になった。そこで足沢さんは、四条播きの播種機で播種し、収穫はコンバインで行なった。

借地の肥沃度の違いがあって、単収は一五〇〜二〇〇kg／一〇aであったが、今後の可能性を感じさせてくれた。

コンバイン収穫後の籾は、ハウスにビニールシートを敷いて、一日数回の攪拌によって乾燥させ、出荷した。その結果は表3—23に示すように、二〇一一年の単収であっても、籾買取り価格が三五〇円／kgであれば、コメより収益性は高いという。

表3－23　岩手県二戸市　足沢広行さん経営概要

地形	中山間地域
品種	長十郎もち　1.1ha（稈長160cm，穂長17cm）
営農形態	個人
作期	5月中旬播種，9月中旬収穫
収量	籾150～200kg/10a（玄穀105～140kg/10a）
前作（借地）	タバコ（4000～6000円/10a）
労力	本人，雇用
機械（借用）	播種機（5000円/10a），コンバイン収穫（18000円/10a）オペレータ代込み
作目	水稲（食用2ha，飼料米3ha，種子用大豆40a，リンドウ20a）

このようななかにあって、地域には播種機、普通コンバイン、乾燥機を揃え、アワ、キビ八haを生産するIターン後継者も生まれている。売上げ六〇〇万円を目標に、購入機械の返済に苦労しながら、

果敢に取り組んでいる。

2　生産組合による作業体系

【花巻市アドバンス円万寺生産組合】

花巻市アドバンス円万寺生産組合では、湛水状態でも栽培できるヒエ・ハトムギは水田に、湿害に弱いアワ・キビは畑地、あるいは徹底した排水対策を講じた転換畑で栽培している。栽培品種は、ヒエはコンバイン収穫が可能な短稈のウルチ種の「達磨」、アワ・キビでは消費ニーズの高いモチ種が圧倒的に多い。

ヒエは水田に移植する。田植えは個人所有の田植機を借用して行ない（三人一組の組作業で一台三〇分／一〇a、写真3—29）、機械利用組合が所有する雑穀普通コンバイン五台で収穫する（写真3—30）。収穫後はJA花巻に販売し、JAで乾燥・調製し、精白粒にして（写真3—31）、「プロ農夢花巻」に販売する。

ウルチ種の「達磨」は晩生で脱粒しにくいため、霜に一回当ててから普通コンバインで収穫する（二人一組の組作業で一台二〇分／一〇a）。籾単収は一八〇kg／一〇aで、中山間部に比べればやや低収である。収穫ロスも大きいため、機械化一貫作業でこれ以上の増収は期待できないようだ（表3—24）。

ヒエ、アワ、キビなどの雑穀を購入する実需者は、無農薬で栽培された生産物を望んでいる。病害虫、特にアワノメイガなどの虫害が顕著になってきているが、そうした実需者の要望に応えるために、花巻市A生産組合では農薬散布は行なっていない。また、機械除草が二回できれば増収が期待できるが、二回目の機械除草が小麦の収穫時期とかち合うため、除草が十分ではないことも収量が伸

写真3−29　田植機での移植栽培

写真3−30　自脱コンバインによるヒエ「達磨」の収穫

写真3−31　JA花巻で乾燥・調製・精白

表３－24　岩手県花巻市　アドバンス円万寺（集落営農組織）**経営概要**

地形	中山間地域
品種	達磨ほか２品種（6.7ha）
営農形態	組合（構成員46人，オペレーター10人）
作期	5月中旬播種，9月中旬収穫
栽培法	苗20g／箱，25枚/10a，水田への移植（30分/10a）除草１回（田植機後部にカルチ），収穫（自脱コンバイン20分/10a）
管理	施肥（窒素9kg，リン酸11kg，カリ9kg/10a）堆肥は無施用
販売	収穫後，JAで乾燥・調製，プロ農夢花巻に販売
収量	籾180kg/10a（玄穀120kg/10a）
前作	水稲
機械（借用）	田植機3台（個人所有，2300円/10a），普通コンバイン5台（6000円/10a）
作目	水稲（食用34.5ha，飼料米5.4ha，ハトムギ12.5ha）

びない原因となっている。

ヒエは、アワやキビに比べ販売価格が安いが、水田の機械化作業体系が確立しているため、ヒエがもっとも栽培しやすい作物である。需要は年によって変動するが、一般的にヒエの需要はアワ、キビに比べ少ない。アワ、キビは機械化作業体系が確立していないため、需要があってもこれ以上の作付け増加は期待できないのが現実である。

岩手県内で生産される雑穀の多くは、加工・包装施設を備えている「プロ農夢花巻」でさまざまに加工され、関東圏を中心に販売されている。現在、雑穀を原料とした商品アイテム数は二〇〇にのぼる（写真３―32）。

写真3－32　「プロ農夢花巻」でさまざまに加工

これまで紹介してきたように、農具や小型農業機械で、ほぼ手作りで生産している農家がおられる。一方では、組合や個人で、大型機械低コストで伝統産地を復活させた人たちもおられる。現在の雑穀に対する消費者は、どちらの雑穀を欲しがるのだろうか。いずれにしても、雑穀生産が継続して取り組めるようにするには、生産物への価格の影響が大きい。もし消費者が高齢者の丹精込めた雑穀生産を望むなら、プレミア付きで買い取るようなシステムを作りたい。あるいは、高付加価値商品への高値販売である。あるいは、大型機械をフル活用して低コスト生産に取り組むのであれば、輸入されているヒエ、アワ、キビとの価格競争にさらされる。しかし、いずれにせよ、産地を証明し、栽培暦を明らかにして、その生産地の良さアピールしていく努力をしなければ未来はない。

第4章

雑穀の未来へ

① 原料から製品へ　製品から商品へ

1　雑穀へのこだわりをいったん横に置いて

ひと昔前の雑穀のおかれた立場や、現在の農家の人たちの雑穀作りの苦労を知れば知るほど、雑穀生産の周辺にいる人たち、特に「よそ者」は、雑穀へのこだわりが強くなる。「こんなに素晴らしい雑穀で作った製品は売れるはず」であると。しかし残念ながら、消費者がお金を払って買ってもらって初めて「製品から商品」になる。消費者の意識にマッチしない製品は、いくらよい製品でも売れるとは限らない。まして、著者の経験から「思いこみの強い製品は、ごく一部の消費者には評価されても、商品にはなりにくい」のが現実である。

　バブル時代の大量生産、大量消費は去り、今では便利さまでを含めた製品でなければ、消費者には受け入れられない時代である。すなわち、美味しさだけではなく、お金を払い、口にして「なんとなく心

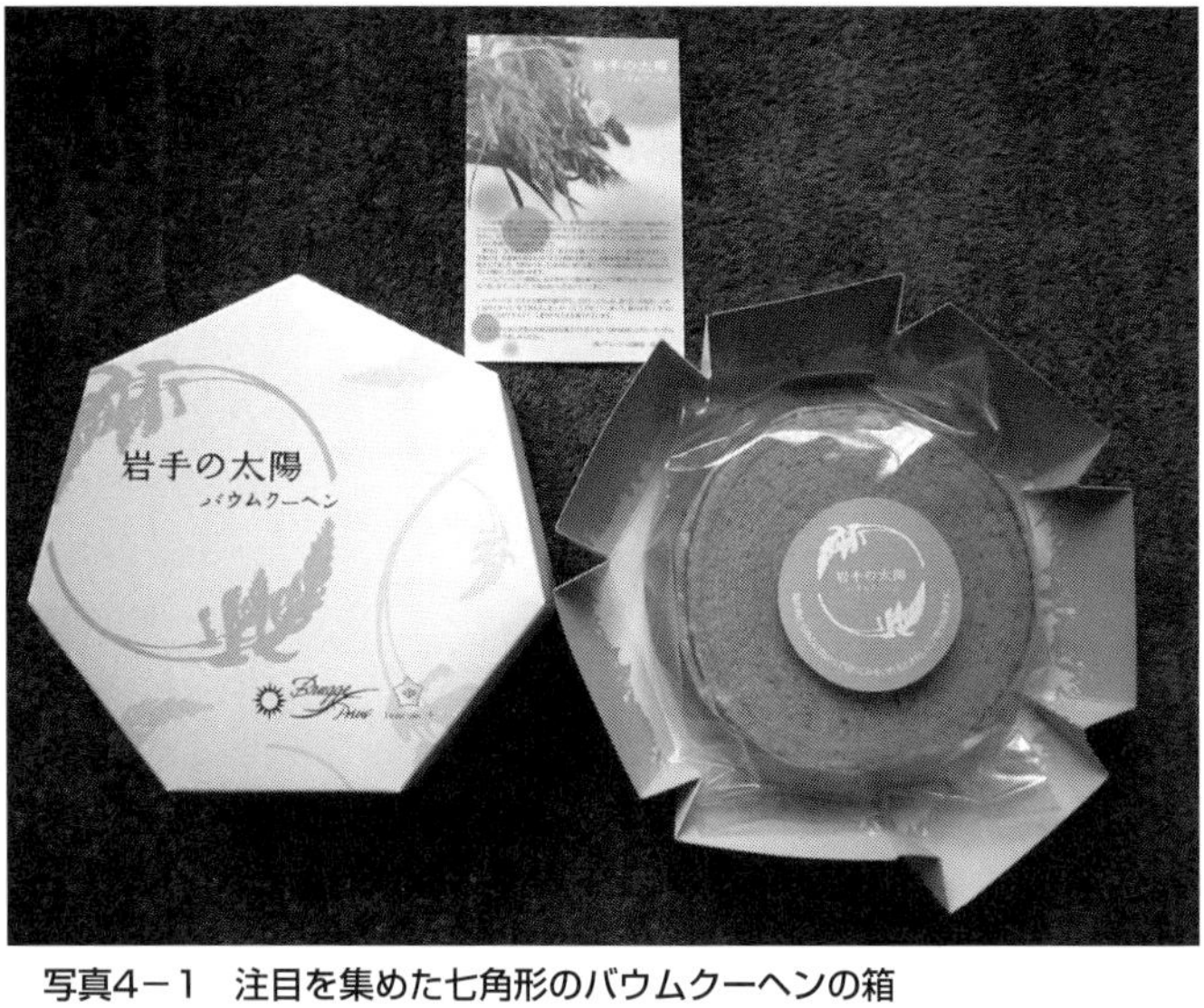

写真4－1　注目を集めた七角形のバウムクーヘンの箱

が豊かになった感」までも製品に内包させた、「ブランド価値」を意識した。「モノ創りの時代」である。「製品」を「商品化」するためには、ネーミングやパケッージ力も大きい。岩手大学教育学部田中隆充研究室（インダストリアルデザイン）の学生、下村さくらさんは、バウムクーヘンを七等分できるようにデザインした。バームクーヘンの箱といえば四角や円型が普通であったなか、七角形の箱は「七」という数字がもつ幸運のイメージ、そして造形の斬新さと奇数個に簡単にカットできる実用性を兼ね備えているため、多くの注目を集めた（写真4―1）。

著者も含め、生産や流通に携わってこられた人たちが、雑穀に対するこだわりを捨てて雑穀への発想の転換ができるかにかかっているのではないか。また、雑穀が背負ってきた歴史を踏まえながらも、農家、流通、加工業者、消費者の目線で二十一世紀にマッチした歴史や伝統の活かし方、ユニークに展開する発信力こそが求められている。

2 エンドユーザーからの三つの視点

農家の収益性を改善し、継続した雑穀の生産を可能にするためには、雑穀の消費拡大が最大の近道である。発想を転換して雑穀へのこだわりを捨てて、「雑穀をモノ」としてみたらどのような展開が考えられるだろうか。消費拡大の道をエンドユーザーの視点からみると、三つあると考える。

一つ目は、「国産雑穀は高いが、安心で美味しい」製品を創りだし、国産雑穀に対する消費者ニーズに応えること。安心を担保した高付加価値商品の開発により、結果的には、雑穀の高価格買い取りができるようになる。

二つ目は、国産雑穀の安全性を担保した「リーズナブルな価格帯」での提供である。すなわち、生産技術の改善を行ない、低コスト生産に取り組まなければならない。そのためには、栽培しやすくて多収、さらにはこれまでにない特徴をもった新品種の育成である。これまでより雑穀の価格が安くなることによって、より多くの人たちに、雑穀の世界に触れる「プチ贅沢」を日常的に楽しんでもらえるようになる。

三つ目は、富山県氷見市のハトムギの取組みに見る「知財を活かした雑穀の健康市場への参入」である。53ページで見てきたように、雑穀は主穀よりも多くの無機成分を含んでおり、高い抗酸化能が期待される。雑穀が秘める機能性を商品として届けるためには、農学・医学・薬学・栄養学が分野を超えた取組みが欠かせない。

氷見市では、ハトムギの生産から、その機能性を生かした新商品開発まで、生産の分野では農林振興センターとJAが栽培マニュアルを作成し、研修会や巡回指導に力を注いだと聞く。さらに高付加価値をそなえた高機能食品の開発には、大学の薬学・栄養学部による効能の医学的証明が下支えとなっている。県内企業と共同で開発したヒット商品、富山県産ハトムギを原料に立山黒部の伏流水で作った「氷見はとむぎ茶」は、その売上げのなかから社会貢献事業として市に一〇〇〇万円も寄付ができるまでに成長し、地域の消費者の心もつかんだ。さらに、特許を取得して、サプリメントなども開発している。

こうした地域の特産ハトムギをめぐる、生産から効能の医学的証明、商品開発、販売、地域連携、社会貢献、市民の協力までの取組みは、地域の雑穀振興のお手本だと思う。

3 飽きのこないよさを生かして

雑穀利用の現在の主流である粒食の場合には、ヒエ、アワ、キビ、どれか一つの雑穀ではなく、多種類の雑穀を米とブレンドして食べることが多い。雑穀のなかでもヒエは、主食とされていたことからもわかるように、食べ続けても飽きがこない、言い換えれば個性がないとも言える。

自己主張の少ない雑穀の特徴を活用する方向としては、小麦や米とブレンドすることによって、小麦や米の食感を改善し、雑穀のもっている豊富な無機成分や抗酸化能を付加する名脇役としての位置づけがふさわしい。モチ性ヒエを小麦粉とブレンドするとわずかに黄味を帯びた製品に仕上がり、食感に粘りが増し、小麦単独のときよりやや日持ちが改善される。最近では、雑穀を用いた洋風的な料理や菓子の作り方などが数多く紹介され、雑穀をこれまで知らなかった世代に、新しい食材として利用してもらえるのではないだろうかと期待している。

また、精白しないで玄穀のままで利用すれば、ミネラルとしての鉄成分はヒエでは二・三倍、アワでは一・五倍多く摂取できる（菊地　二〇〇三）。ポリフェノールであれば、ヒエでは三倍、アワでは一・五倍、キビでは二・五倍多く摂取できる。また、玄ヒエは、精白ヒエより約三倍の抗酸化能をもっている。玄穀での利用はこれまでほとんどなされてこなかっただけに、健康機能性を生かした商品開発に活用したい。

新しい可能性を秘めた雑穀の品種も生まれ始めた。世界中にもこれまで存在していなかったモチ性ヒエ「長十郎もち」や、それを短稈に改良した「なんぶもちもち」、低アミロースで早生の「ゆめさきよ」や「ねばりっこ2号」の開発である。これまでのウルチ雑穀での商品とは異なる、高付加価値商品の開発のためのさまざまな試作が行なわれている。

4 新雑穀新商品開発の現状

岩手県の事例では、雑穀かゆ、雑穀カレー、ヒエ「達磨」入りソバ、五穀ラーメン、稗冷麺、十穀がゆ、十穀雑炊、七穀煎餅、雑穀ぽん菓子などが地元デパートやスーパー、産直で市販されている。

モチ性ヒエの商品化については、以下のような取組みの事例が現われてきている。

岩手の地酒メーカーでは、モチ米を使った日本酒醸造技術をモチ性ヒエ「長十郎もち」にも活かして、「ひえのおさけ・長十郎」を醸造・販売をしている。従来、透明感のある酒のほうが上等とされてきた日本酒の世界ではあるが、これはモチ性ヒエによるゴールドの酒である。しかし、甘みとスッキリとしたワイン風味が女性から評価され、高値で販売されている（写真4—2）。また、粘りを活かしたモチ性ヒエ「長十郎もち」と七穀＋ワカメなどをブレンドした商品「匠ごはん」が市販され、首都圏で一定の評価を得ている（写真4—3）。そのほかにも、玄ヒエを納豆にブレンドし、糸引きの強いヒエ納豆「The極納豆」が販売されている（写真4—4）。

地元素材にこだわった製品とのコラボで、玄ヒエ粉をブレンドしたバウムクーヘンやハード系食パン、精白粉でのマドレーヌ（写真4—5）などを期間限定で販売したところ、継続販売を望む購入者が多かった。

伝統的な味噌についても岩手県内ではウルチ性ヒエを使った「ひえみそ」が、通常の味噌の数倍の価格で市販されている。そこで、アミロース含量の違うヒエを用いてヒエ味噌を試験醸造したところ、モチ性ヒエのほうがウルチ性ヒエや低アミロースヒエ

写真4－3　「長十郎もち」と七穀＋ワカメなどをブレンドした「匠ごはん」

写真4－2　新品種「長十郎もち」を活かした「ひえのおさけ　長十郎」

写真4－4　糸引きの強いヒエ納豆「The極納豆」

写真4－5　玄ヒエ粉をブレンドした食パンや精白粉でのマドレーヌ

にくらべ、製麹に優れ、麹まわりもよく、味はウルチ性ヒエや低アミロースヒエよりもまろやかで甘みの強い味噌に仕上がることがわかった。今後の市販化に向けて、消費者ニーズを探りながらヒエの最適なブレンド割合や醸造期間などを検討中である。

② 雑穀が紡ぎだす地域社会のきずな

雑穀が作り続けられてきたからこそ、雑穀を真ん中にした地域のつながりが再び意識され、そして地域固有の伝統に立ったビジネスが生まれてきている。そこには、地域固有の受け継がれてきた技が輝いている。

住民総出の「水車まつり」
―岩手県久慈市山根町

岩手県北東部、太平洋岸に面した久慈市市街地から西に車で四〇分ほど入った、冷害をもたらすヤマセと闘ってきた山根町山根六郷。凶作に備えた技と暮らしが息づいている地域である。人口がもっとも多かったのは一九五五（昭和三十）年で、二五〇〇人、小学校が七校、児童数四〇〇人を数えた。二〇〇五年の人口は四三九人、一八七世帯を数えるだけになった典型的な過疎の集落である。

一九八三（昭和五十八）年に、山根六郷の豊かな自然と景観、昔の食を大事にする人びとに魅せられた六名が研究会を発足させた。かつてはどこの小川にも水車が立ち並んでいた風景は、今を生きている人たちの心の原風景である。心の原風景を呼びもどすために、取り組んだのが水車の復元であった。一九八八（昭和六十三）年のことである（久慈・山根六郷研究会　二〇〇一）。水車の復元をきっかけにして、山根六郷の一つ、端神郷集落で始まったのが「水車まつり」である。一九八九（平成元）年から四月～十二月の毎月第一日曜日、「水車まつり」や「水車（くるま）市」を手作りで開催している。五月と十一月は郷土芸能なども披露する。

わずか三〇人の端神集落に、今では近隣の集落だけでなく、遠くは仙台や盛岡、八戸からも毎回一〇〇〇人近い人びとが訪れ、のどかな風景が広がる懐かしい雰囲気のなか、地元の人たちは総出で、とれた野菜や水車で挽いた雑穀を使った郷土料理をふるまい、販売する。そのメニューはすべて昔から食べられていた料理で、豆腐田楽、にしめ、うきうき団子、ひえめし、そばきり、焼きストギ（シトギ、16ページ参照）、軍配もち（写真4―6）、いわなの塩焼き、ゆかべどうふ（写真4―7）、季節のものなどである。その料理の数々には、地域で生産された雑穀がふんだんに使われている。地元の人たちは、販売しながら料理の仕方を教えたりして、訪れた人たちと和やかな交流を二〇年以上も続けてきた。

祭りの手伝いで帰省してくる若い人たちや孫に、おじいちゃん、おばあちゃんの匠の技を披露する絶好の機会である。同時に、雑穀食や伝統食の伝承の場であり、雑穀食や伝統食の再発見の場でもある。故森繁久弥氏が「べっぴんの湯」と命名した東北一強のアルカリ湯（pH一〇・八）新山根温泉とともに、他地域の人びととの交流を通して、若い人たちや孫たちには山奥の雑穀食文化への誇りと地域への愛着が深まる契機となっている。

写真4－7　ゆかべとうふ（山根六郷）

写真4－6　軍配もち（山根六郷）

スローフードによる地産地消を目指す
―岩手県岩泉町

岩手県岩泉町は、北部北上山地から三陸海岸に位置し、周囲を一〇〇〇m級の山々に囲まれた町である。気候は冷涼で、特に夏の北東季節風「ヤマセ」の影響を受けることから、水稲栽培の普及は遅く、昭和三十年代まで、ヒエ・オオムギによる雑穀食が暮らしの中心であった。しかしその後、他の地域と同様にイナ作の普及と食生活の向上運動により、雑穀食が次第に姿を消していった。

株・岩泉産業開発は、一九九八（平成十）年から町内生産者と豆・雑穀類の契約栽培に取り組み、二〇〇〇（平成十二）年には生産者八名で、ヒエ、アワ、キビ、コウリャンを三〇八kg生産した。二〇〇四（平成十六）年には生産者三三名、生産量二四八四kgと約八倍に増え、二〇一〇（平成二十二）年には、ヒエ、アワ、キビ、コウリャンにアマランサス、エゴマを加えて、延べ生産者八四名で四七九九kgを生産するまでに成長した。二〇一一年には延べ生産者六七名、生産量二七九一kgに減少した。販売単価の安いヒエが大きく減少し、販売単価の高いアマランサス、ジュウネの生産が増えている。販売価格が高かった雑穀が、翌年に生産する農家が増え、生産量が増えて、価格が下がる傾向にある。

生産拡大の背景には、二〇〇二（平成十四）年に開催した岩泉町主催の雑穀講演会・料理講習会や、二〇〇三年、二〇〇四年に岩泉町有機農産物生産者協議会（佐藤春雄会長・会員約一六〇名）が行なった、雑穀生産者への防鳥網の補助・支給などがある。また、岩泉町では「食と健康」というテーマで地産地消運動にも力を入れ、雑穀の生産振興とともに地区でのイベントでの消費拡大にも努めている。雑穀類を商品として、首都圏に大規模に販売するのではなく、地元での販売を優先している点がユニークである。

そうした町をあげての雑穀生産振興は、昔から種《たね》を絶やさず栽培を続けてきた人たちだけでなく、タバコや牛の生産を引退して数十年ぶりに種を播く人たちにも支えられている。機械の入らない山間の畑での昔ながらの栽培に取り組み始め、荒れた耕作放棄地が美しい景観へと生まれ変わっていた。また、懐かしい郷土料理が次々と食べられるようになり、遠方からの訪問者も増えていった（写真4―8）。

新たに生産に取り組む人たちもわずかではあるがおられるが、生産の主体であった人たちの高齢化が進み、最近では生産者、生産量ともに頭打ち傾向にある。岩泉町では、「忘れたかった雑穀」を「暮らしの中にある誇れる雑穀」にしようという機運を芽生えさせることができた。しかし、その動きを持続していくには、地域の生活文化として雑穀を定着させるのはもちろんだが、生産の苦労に見合う報酬を支払えるように、雑穀の付加価値を高めていくことが課題となっている。

写真4−8　雑穀のイベントで遠方より訪れた人たちに雑穀の作り方や暮らしなどの説明（岩泉町）

暮らしも経済も「ぎばって足沢《たるさわ》・70の会」

—岩手県二戸市足沢地区

雑穀伝統産地二戸市の雑穀栽培復活のなかで、足沢地区での女性たちが集落の活性化を目指してスタートしたのが「ぎばって足沢・70の会」である。名前の由来は、「ガンバルゾ」を意味する「キバッテ」にさらに力を込めて「ギバッテ」とし、発足した。当時の地区の世帯数「70」をつけて「ぎばって足沢・70の会」とした。一九九九（平成十一）年に地域の資源を活かした都市住民との体験交流やイベントを実施するなか、「やっぱり経済性も大切」と、地域活性化と収益も模索している。

イベント行事として「田植え体験」、「足沢の旬を楽しむ会」、「小正月を楽しむ会」（写真4―9）な

写真4－9　小正月を楽しむ会での消費者交流
（二戸市足沢）

写真4－10　地元の食材で作られた料理がズラリ
（二戸市足沢）

どを企画した。老人会、子供会の協力を得て、地域ぐるみで親子のための野菜収穫、動物とのふれあい、田舎遊び、そば打ち体験、足沢産の食材を使った手料理などが振る舞われ、近隣の都市住民との交流が繰り広げられている（写真4—10）。地元でとれた食材を使った、地元でしか食べられない料理に惹かれてリピーターが増え、最近では観光会社から企画が持ち込まれることも増えている。年間五〇〇人の来訪者があり、視察も増えている。

地区には、甲斐武田家の直系四四代の子孫が住まわれており、イベントの際には足沢集落の歴史を語る機会もあり、このような交流を通して、地元の歴史の重みと豊かな自然の理解に結びついている。

新興産地のハイテク雑穀生産と雑穀料理
—岩手県中南部地域

一九九三（平成五）年の大冷害をきっかけに、中山間地域の岩手県中南部の旧大迫町、東和町では、機械化による「転作作物としての雑穀」を提案した。雑穀＝岩手県というイメージを活かしながらヒエ栽培に取り組み（雑穀の里日本一運動）、二〇〇三（平成十五）年に「花巻地域水田農業ビジョン」のなかで雑穀を推進品目とし、ハトムギなどを加えた「雑穀の総合産地化」を推進してきた。

岩手県南部は水稲栽培が盛んな地域で、岩手県北部地方とは違って、必ずしも「ヒエやアワの伝統的な生産地」でなかった。そのため、雑穀にこだわるべき技ももち合わせていなかったことから「貧乏くさい」という反対も少なからずあったが、「水田の転換作物の候補作物としての雑穀」が提案され、「雑穀をモノ」として捉えることができた。現在の大きな飛躍につながったのではないかと考えられる。

ヒエ、アワ、キビの作付け面積は二〇〇三（平成十五）年が九七・九ha（ヒエ七七・三ha、アワ五・五ha、キビ一五・一ha）であった。それが、二〇〇七（平成十九）年は一六九・二ha（ヒエ九六ha、アワ一八・九ha、キビ五四・七ha）、二〇一〇（平成二十二）年は二八三ha（ヒエ一九九・四ha、アワ二三・二ha、キビ六〇・一ha）となっている。この順調な伸びは、国民の健康志向や国産雑穀へのニーズを的確にくみ取った「プロ農夢花巻」の努力が大きい。

秋には雑穀キャンペーンを展開し、「温泉で雑穀料理を堪能しよう」には花巻温泉郷の七旅館が参加している。また、雑穀料理が食べられる地域の料理屋二三店では、ざっこく俵御膳（写真4―11）からスープカレーまで楽しめる。雑穀商品を取り扱っている二九店のなかには、定番の雑穀ブレンド（写真4―12）やかりんとう、サブレー、稗焼酎までさま

写真4－11　ざっこく俵御膳（岩手県花巻市石鳥谷「新亀家」）
①六穀リゾット，②六穀俵，③六穀シューマイ，④六穀ハンバーグ

写真4－12　雑穀をブレンドした商品（岩手県花巻市野田「母ちゃんハウスだぁすこ」）

写真4－13　雑穀を使ったラスク（岩手県花巻市桜台「ブルージュ」）

ざまな商品が並んでいる。若い人に人気のラスク（写真4―13）、ドーナッツ、雑穀バーガーも販売されている。

二〇〇年続くあわ饅頭を地元産アワで
―福島県柳津町

伝承によると、一八一八年（文政元年）に現福島県柳津町で大火事があり、圓蔵寺はじめ民家一〇六軒が焼失した。そのとき、当時の喝巌《かつげん》和尚が一八二九（文政十二年）の落慶のおり、二度と災難に遭わないようにとアワで饅頭を作り、町民に配ることを考えたという。喝巌和尚のアイデアを受けて、現在の岩井屋饅頭店（沼沢氏）の先祖が、あわ饅頭の作り方を考案し、現在でも数軒が「あわ饅頭」を製造・販売している。

アワの入手が困難になってモチ米の割合が増えたため、二〇〇四年から「やないづ振興公社」が中心となって、農家にアワを作付けしてもらっている。地域産のアワを市場価格の二倍の価格で買い取り、伝統のあわ饅頭が作られるようになった。「あわ饅頭」のほかにも、アワをイメージした黄色のソフトクリームに炒ったアワをトッピングしたソフトクリーム、蒸したアワの粒を入れたマヨネーズベースのドレッシング、焼酎、あわ汁粉などが好評である。宿泊施設では「柳津あわ懐石」が楽しめる（写真4―14）。一〇〇%地元産のアワを使ったあわ饅頭は週末に行列ができるほどの人気土産となっており、圓蔵寺を訪れる年間一〇〇万人の参拝者には、格好の土産となっている。冬まつりなどでは、「粟饅頭早食い競争」などが実施されている。

現在、アワの作付け面積は五〇aほどしかないため、農家の所得向上というには大げさだが、町のPRや、よそにない伝統のある特産商品ということで、地元の人たちの誇りとなっている。

写真4－14　柳津あわ懐石（福島県柳津町）

やってみんかな雑穀栽培
―岐阜県中山間地域

岐阜県は古くから雑穀の一大産地であった。現在でもイナ作限界標高である高山市秋神地区では、明治初頭は九〇%がヒエの栽培であった。同年代の岐阜県高山市上宝町（奥飛騨温泉郷）の生産量は、ヒエ四一%、コメ一八%、豆類一六%、麦類一〇%、アワ七%、ソバ七%であった。斐太地域では、ヒエは四〇〇カ村中三九七カ村で栽培されていた。また、焼き畑でも、ヒエの後にアワ、ダイズを作付けしていた。

飛騨では古くから「粟倉様」と称する行事が行なわれていたので、その紹介をしよう。岐阜県郡上八幡（現郡上市）の市街地にある戎佛集落の薬師堂は安政年間（一八五四～一八五九）に建立されてから、神饌の餅がお下がりや常備薬として親しまれていた。しかし、現在では戎佛集落には十数名が住んでいるだけとなり、「粟倉様」の行事の継承が困難になっている（庄村　二〇〇四）。郡上郡は緩傾斜畑地における東海地方屈指の茶産地で、「郡上茶」として知られる貴重な現金収入源であったが、自給作物としてはムギと雑穀で、脱穀や精白には水車や唐臼が利用されていた（庄村　二〇〇八）。現在ではエゴマが小面積に各地で栽培されているだけで、ヒエなどを栽培している農家を見つけることができなかったが、丹念に聞き取りしているうちに、飛騨地域の高齢者がヒエ、アワ、モロコシ、キビを栽培していることがわかった。蔵の中に眠っていた一俵のヒエから一粒が発芽し、「神岡在来ヒエ」として復活した。現在、このヒエを十数軒が栽培している。岐阜県中山間農業研究所では機械移植栽培、機械収穫の研究に取り組んでいる。

この活動は担当者の「飛騨の雑穀消滅寸前　このままじゃなくなっちゃう　本当に良いのかな？　ご先祖様の食と文化やよ　雑穀なんて作ってみても、儲からないし大変なんやけど　でもな…やってみんかな雑穀栽培　けっこう楽しいかも」との熱い想いが実を結びつつある（飛騨を守ろう雑穀復活大作戦　平成二十三年一月　岐阜県農政部園芸課）。

過去の作物から今日の作物へ
——琉球列島での雑穀復活

十五世紀ころの奄美諸島から琉球諸島では、キビやアワが栽培されていた。十八世紀には儀礼にも登場するほど重要な穀物であった。アワ栽培は戦後しばらく盛んであった島もある。アワが栽培されていた島では、サツマイモと混ぜて一緒に雑炊（混炊）として日常食になっていた。また、非常食のほかに、モチアワの割合を多くして嗜好品あるいはハレの食物としての位置づけでもあった。沖縄の雑穀栽培の伝統と現状について紹介しよう（賀納　二〇〇七）。

沖縄諸島の渡名喜島と粟国島では戦後キビ栽培は途絶えたが、渡名喜島では雑穀での地域振興を考え、一九七五年に熊本県天草からモチキビ、アワ種子を導入した。アワは定着しなかったが、キビの生産はみごとに復活した。その理由は、キビを米と炊飯するとモチ味がして美味しく、イベントでの販売が堅調で一定の需要が見込めること、サトウキビに比べ労働時間が半分で、しかも軽作業のためで高齢者が取り組める作物で、しかも収益性が高いことなどがあげられる。渡名喜島や粟島のような事例が八重山諸島の各地に見られる。畑作穀類栽培の伝統に成り立って、「過去の作物」ではなく「今日の作物」として生まれ変わった。

竹富島のアワ栽培は、地域で古くから続けられている陰暦の九、十月中にめぐり来る甲申（きのえさる）の日から甲午（きのえうま）の日までの一〇日間にわたって毎年催される「種子取祭」に根ざした形で栽培されてきた。現在、竹富島でのアワの経済栽培は行なわれていないようだが、地域の芸能を披露しあう芸能奉納の祭りとして注目され、島外からも多くの観光客を集めている。

地域の良さに気づいてもらうために、粟国島の粟国小学校で特産モチキビを使ってかりんとう作りに挑戦し、島の売店や空港、港で販売された。ただし、祭祀に関わり栽培が続けられてきたアワは、二〇〇一年に七名ほどの栽培者がおられたが、今では高齢化で栽培をやめ、後継者もおらず、二～三名程度になっている。後継者を確保するには、商品作物としてのキビの収益性の拡大が緊急の課題である。

紹介した事例は、著者らが交流のあった地域や人たちや、情報交換をさせていただいた事例に限られている。全国にはすばらしい成功例も多いと思う。これらの活動の多くは、言い古されている「よそ者、若者、馬鹿者」による力が大きい。さらなる継続した発展のためには、「よそ者」にはない定住者ならではの人徳のある「内なる者」が中核に座らなければならない。そして、時には「若者」の斬新な発想と「無鉄砲な勢い」も必要である。しかし、しなやかに、時にはしたたかに生き抜いてきた「齢を重ねた者」はいぶし銀の輝き放つ。村に内在する知恵・知財を活かす「賢き者」。この「内なる者、齢を重ねた者、賢き者」の三者が一体となって、「歴史や伝統に立脚した地域興し」に取り組めば、金太郎飴的地域興しとは一線を画してほかにまねされない地域として輝き続けることができる。

3 雑穀をとおしたおばあちゃんと学生との交流から
―本当の食農教育

筆者らは、昭和四十年代前半から、時代の激流に翻弄される農業や作物の栄枯盛衰を感じとってきた一人である。大学に身を置く機会をえたことから、学生に、「雑穀」を通して、土とともに生きてきたおじいちゃん、おばあちゃんの生活を体感させ、「心に残る体験を」と考えついた。

ここで紹介するのは、スローフード岩手が催した、岩手県岩泉町に残る雑穀栽培体験と雑穀食文化の伝承を主な目的にした雑穀栽培体験に参加した岩手大学の学生たちのレポートである。指導してくださるのは、学生たちにとっては、まさに正真正銘のおばあちゃん、おじいちゃんの世代である岩泉町大川集落で暮らしてきたおばあちゃん、時にはおじいちゃんを先生役に始まった。

二〇〇四年から二〇〇九年までの六年間にわたり、おばあちゃん先生から昔ながらの農具の使い方を習い、作物を育て、地元食材での郷土料理（ウキウキ団子、ひっつみ、ひゅうじ、麦きりなど）の作り方を実習し、昼休みには一緒に昼食を食べながら、自己紹介や作業・料理の感想を発表しあい、作る楽しみ、食べる楽しみ、そして何よりも、話す楽しみの時間をもった。

学生たちにとっては、雑穀という言葉もほとんど初めて聞く作物にちがいない。中山間の傾斜地での作業は、今の大学では決して学ぶことができない「人生の大先輩から体で教わる体験」であるがゆえに貴重で、筆者らにも新鮮であった。

この間、岩泉でお世話になった多くの卒業生を世に送り出した。国内企業の第一戦で飛び回っている者、海外青年協力隊として開発途上国で活躍している者、また、修士課程に進学して雑穀栽培体験を最優先して、活動の中核となって牽引している学生、少しずつではあるが毎年新人数人が加わり、多くの学生と大川のおばあちゃんとの交流は続いている。

就職して社会人となってからも、その交流は続いている。お世話になったおばあちゃん方に、わずかな給料から手紙とお菓子を送った卒業生がいた。地元に戻り、社会人二年生から地元の農家のお茶摘みに参加して、「岩泉の皆さんもお元気ですか…。どの仕事も大変で、改めて農産物に込められている苦労と想いを、身をもって感じました。これも岩泉の皆さんとの出会いがあったからです。岩手や岩泉の皆さんを思い出して、懐かしくなります。岩泉に行きたいなとしょっちゅう思います…」との手紙を添えて、自分で摘み取った新茶を大川のおばあちゃんに届けた女子学生がいた。また、海外青年協力隊員としてアフリカに飛び立った卒業生からは、「人との交流の大事さを学びました。アフリカでもこの経験を大事に伝えたい」というメールをもらったので、おばあちゃんに届けた。北海道から東日本大震災のボランティアに参加した元卒業生は、おばちゃんに北海道土産を携えていた。

社会人としてそれぞれの仕事に忙殺されながらも、歴史、伝統、いたわりなどを、雑穀栽培体験から学んだことを糧に活躍している姿を想像すると、たまらなく嬉しい。このような偏差値では計れない偏・和・知の高い経験を積んだ学生を、一人でも多く世に送り出したいと願っている。

この雑穀栽培体験を通して、実践教育の「場」を提供してくださる方がたの苦労は計り知れず大きく、負担となることも少なくない。現地の方がたの今どき珍しい対価を求めない無償の愛、おもいやりは、山間部で助け合いながら生きてこられたことからくる優しさなのであろうか。

以下、体験後の学生たちの感想や、岩泉町内で開いた催しの際に発言した参加学生たち、そしてお世話になったおじいちゃん先生、おばあちゃん先生たちの生の声である（岩手大学農学部ＦＳＣ他'04 '05 '06）。

1　参加した学生がもらった宝物

■岩泉七滝祭りでの発見　（溝口沙奈恵）

私の初めての雑穀栽培体験は、マドイリやビール瓶での脱穀でした。関口サキヨおばあちゃん（現在八八歳、雑穀栽培現役。写真4―15）はとても慣れた手つきで苦もなく作業をしていました。毎年繰り返していくのだなと感じてしまうと、「なぜ、こんな大変な想いまでして雑穀を育てるのだろう」という疑問が残りました。また、私たちは、地域全体で集まる年一回の大きなお祭り「七滝祭り」に、地域のお手伝いと雑穀の食べくらべ調査・準備のため前日から現地に入りました。前日、何をお話してよいかわからずに作業をしながら耳を傾けていると、自分たちで野菜を作るのは当たり前、農薬はまったくかけないなど「生きるための暮らし」とはこういうことなのかなと思いました。また、私が質問をすれば、一語一語ていねいに返してくれ、とても嬉しくなりました。会話がこんなにも力があるのかと実感させられました。

写真4－15　関口サキヨおばあちゃん

お祭り当日の朝、朝五時に目が覚め、公民館近くを散歩しました。こんな早い時間に、おじいちゃんやおばあちゃん方は、家のそばの畑で野菜の世話をしていました。昼から雑穀の食べ比べの調査、いろいろな年代の方に声をかけ、アンケートに協力していただき、雑穀にまつわる辛い話も聞くことができました。教科書や本を読めばわかるのかもしれませんが、やはり直接口にして伝えていただいたもの、自分の耳で聞いたものは、知識だけにとどまらず、知恵になっていくのだなと感じました。普段見ることのできない岩泉に触れ、いろんな方がたとお話をし、「雑穀を栽培する」、それはお金ではない心の豊かさや時間をかけて物事を楽しむという理屈ではない岩泉での生活、この地で培われてきた暮らし方であると実感し、「なぜ、こんな大変な想いまでして雑穀を育てるのだろう」という疑問がやっと消えていった気がしました。

■岩泉に見つけた人、料理、文化に思う

（鈴村明子）

これまでの二年間の体験のなかで、もっとも印象深かったのは「踏み鋤」です。踏み鋤は山にある木を切り、使う人の体に合わせて作るのだそうです。昔は自分で知恵を絞って作り、また改良し、今に伝えているのだと思うと、自分もそういった物に対する姿勢を見習わなければならないと思いました。また、脱穀作業をしているとき、「まだ脱穀するアワがあったらやりますよ」といったときに関口さんが「いいよ。全部やってしまったら、冬にやることがなくなってしまうよ」といっていたことが印象的でした。関口さんにとって雑穀の作業そのものが生活の一部となっているから、そうおっしゃったと思います。

なんといっても、お昼ご飯は私の一番の楽しみです（写真4―16）。毎回、作業に見合わない量の料理を準備していただいて、申し訳ないと思います。地元の人たちには、「料理を作らないといけない」という負担をかけてしまっているのではないかと、不安になることもあります。岩泉のおばあさんが、「何もないよ」とおっしゃっていたのを覚えています。何もないからというか、物があふれすぎてないからこそ、知恵があったり、伝統や文化が伝えられたりするのではないでしょうか。岩泉には何もないどころか、美しい景色・美味しいご飯、おばあさんやお母さんの笑顔、物やお金だけでなく、本当の意味で豊かなところだと感じました。

写真4－16　お昼ご飯の楽しみ

■軽快な播種作業体験（村田旭）

播種作業では、初めて溝切りなるものを体験しました。また、その後の播種作業で、均等に種子を播こうとしても、実際播いてみると多いところもあれば少ないところもあります。また、後から手を加えて均等にし直す必要があって、さすがに慣れているおばあさん方は、うまく均等に播いていました。その後、足で土をかけながらうまく踏んでいくのですが、どうしても踵に体重がのってしまい、後ろを振り返ってみると踵の跡がくっきりと残ってしまいます。おばあさん方はまるで踊りのステップを踏んでいるかのごとく、巧みなフットワークでしたが、自分は足でうまい具合に覆土していくのはむずかしかったです。

■ビール瓶の効用（阿部正直）

ビール瓶はビールを入れる物、飲み終わったら瓶は回収日にて、はい、さようなら。そういう運命にあるものだと思っていました。しかし、ビール瓶は身近でお手軽、それでいて手にジャストフィットな脱穀機でした。農家の知恵は凄いなと思いました。物は大切に、それでいて創意工夫で新たな使い方を模索することはすばらしいなと学びました。毎回のおいしい料理ありがとうございました。決してご馳走につられて行っているわけではないのですが（本音　多少は期待してました）、働き以上のご馳走を毎回いただき感謝の思いでいっぱいです。この恩はいつか必ず…。

■「あしぶみすき」に強烈な印象（守岡貴）

昨年は脱穀作業、今年は播種作業を経験させてもらいました。「踏み鋤」が一番印象に残りました（写真4―17）。おばあさんのなめらかな動きとは対照的に、ぎこちない足取りでしたが、とてもおもしろく感じました。畑は雑草が全くないきれいなもので、作物がよく育ちそうでした。アワやヒエなどの雑穀に限らず、畑作物栽培では雑草防除が重要であるので、そのような作業を怠らないことを見習いたいと思いました。最後に、普段なかなか食べられないようなおいしいご馳走までいただいて、とてもよい体験となりました。自分たちで播種すると、その後の作物の生長や天候が気になります。次回は天候にも恵まれるよう祈ります。

写真4－17　踏み鋤の作業

■脱穀農具「マドイリ」と「ふりご」に振り回されて

（上所茉莉）

今回は黒豆の脱穀作業をさせていただきました。脱穀作業には、マドイリという木の枝のようなものを使用しました。初めに関口さんがお手本を見せてくださいました。関口さんは、マドイリで力いっぱい黒豆の株を叩いて脱穀をしていきました。関口さんの脱穀をする姿には、どこにそんな力が隠されているのだろうと思うほど、力強さを感じました。実際に作業を行なってみると、すべての豆をきれいに脱穀するのは思った以上にむずかしく、力のいる作業でした。脱穀作業では「ふりご」（振りこ、唐竿）という農具も使用しました。振りこは長い棒を二本連結させたもので、柄のほうの棒を持ち、もう一方の棒を振り下ろして地面に叩きつけることで脱穀を行ないました。自分でやってみるとむずかしく、ポイントを教わっても、一、二回振り下ろすのがやっとでした。昔ながらの農具を使っての農作業は、力だけではなく技術も必要で、そのコツをつかむためにはよく人を見て教わらなくてはならず、そこでコミュニケーションが重要になるのだと実感しました。

■ヒエの収穫・島立て体験

（鎌田拓也）

ヒエの収穫作業では、背の高くなったヒエを刈るのは一苦労でした。また、それを数本のヒエを使って結わえるのですが、きつく締めるのに四苦八苦してしまいました。力ならおばあさんがたに負けないだろうと、ギュッギュッと締めるのですが、できてみるとなぜか緩くなってしまいました。おばあさんがたが慣れた手つきで多くのヒエをきつくひとまとめにしていくのを、ただ口を開けて見ていることもありました。しかし、教えてもらい慣れてくると、いい感じにまとめることができるようになりました。

何とかヒエをまとめたと思ったのもつかの間、汗だくでヘトヘトの学生を尻目に、おばあさんがたは元気に、今度はヒエ島を作る作業にとりかかっています。これは以前から興味があったので、注意深く見ていたのですが、農家のかたの知識は奥が深いと感じさせられました。最後にひときわ大きく括ったヒエを担ぎ（これが非常に重い）、上にフタをする感じで乗せるのですが、結構な体力を要し、一苦労でした（写真4―18）。ヒエ島が完成した時は、まるで一戸建てマイホームを建てたかのごとき感動でした。昔は、このヒエ島をまるまる家まで担いで運んだというのだから驚きです。作業を終えて充実感に浸りました。

写真4－18　ヒエ島立て作業

■初めての岩泉

（佐藤三寛）

田舎というのはわかっていましたが、秋田出身の自分でも、岩泉町はもの凄い田舎でびっくりしました。播種作業を体験しましたが、傾斜地だったので腰への負担は二倍でした。しかし、若い私たちよりも、地元のおばあちゃんたちのほうがいとも簡単に作業をこなしていました。やはりこの道何十年のベテランにはかなわないと思いました。初めて岩泉に行って、岩泉には都会（盛岡がそんなに都会というわけではないが…）に飼い慣らされて荒んだ心を癒す力がありました。ぜひまた行きたいです。

■おいしかったしうれしかったけれど申し訳なかった（山蔭徳子）

会ったことのない人と話したり、一緒に作業をさせてもらったりして楽しかった。初めて使った道具も面白いと思った。岩泉のあの辺りは、私の実家のように山ばかりで畑も斜めだった。買い物をするところも病院も近くにはなさそうで、車がないと暮らせないようなところだと思った。作業の後たくさんご馳走してもらって、おいしかったし、うれしかったけれど申し訳なかった。帰りに持たせてくれた団子は、残した分の串をわざわざ割り箸に付け替えて袋に分けてくれたものだった。すみません、そんなによくしてもらえるだけのことをしていません、と思った。あの方々にとって自分たちのような者が来るというのはどういうことなのだろう。

■知恵の塊、関口さんの畑（小松孝治）

「そりゃないよ」ってくらいに傾斜した畑には、欠株のところにダイズが植えてあって、「知恵」だなあとたいへん感心した。アワの脱穀をやると聞いていたが、関口さんがスズメに我慢できず、何日か前に脱穀してしまったというので、今回は「ダイズ」の脱穀と相成った。さっそく仕事を始めるにも何をどうすればいいのかわからないので、関口さんについて回る。すでに刈り取られたダイズはかなりの量があるように見えたが、人数もたくさんいたので、そう時間のかかったものでもなかった。やはり集団の力は強い。脱穀用の木製の道具でばかばか叩く。土地によってその道具の形状に違いがあるという話がなかなかおもしろかった。どの程度叩けば適当であるのか、もう一つ具合がつかめなかった。まだまだ修行が足りない。どうにも無駄な力が入りすぎであった。本来はオオムギに使用するという「ふりこ」となるとなおさら修行不足だった。ちょっとの力でかなりの威力を発揮することにはたいそう驚いた。

2 おじいちゃん先生・おばあちゃん先生

学生たちと岩泉町のおじいちゃん、おばあちゃん先生が一堂にあつまって、雑穀体験学習に参加した学生たちの感想などを発表する会を開いた。以下は、お世話になった町内の皆さんから寄せられた言葉である。

山内義廣　私自身は雑穀栽培体験にあまり参加し

た記憶がないんですが、妻が勝手にのめりこんでいます。あんまり本気になるので、本当に大丈夫なのかと逆に私がブレーキかけたりしました。さっき感動的な話を学生さんから聞きながら、あぁすごくいいなと思っています。確かにアワ、ヒエを作るのは大変な作業ですが、今まで残っているのはそれだけの価値があるんだべなぁと思っています。いろいろ考えてみると、私の子供のころは、アワ・ヒエ・大麦・小麦、ほとんどでした。水バッタはこの川に沿ってありました。そういう中で育ったんで、それが自然だったんですが、やっぱり換金作物を作らないとダメだってことになって、葉タバコとか、養蚕を始めました。それから昭和四十年代には開田して米を作って食べれるようになって、米を食べた時の感激は忘れられませんね。私たちの頃はヒエ飯食べて育ったもんですから、白飯食べれるのは夢だったんですよ。昭和四十年代でこれだから、いかにここが遅れていたか。ここでも高齢化が進み、葉タバコの栽培も廃れてしまって、今また、昔やってたような雑穀をやっている有様です。損得とか何とかじゃなく、どこに価値があるんだかっていうのを見るべきなんだなぁと思っています。生きてくために先祖がやってきたことは、価値があるんだろうなと私は思います（写真4―19）。

援農の　教授学生９人が　わが庭にて　アワをうちたり

スローフードに　はまりし妻はいきいきと　採りし畑でアワを打ちたり

佐々木リミ　これから就職される方、実家に帰ら

写真4－19　学生たちとのアワの脱穀作業

れる方もいると思います。それぞれの道は険しいと思いますが、頑張ってください。楽しい一時でした。ありがとうございました。

村上サツエ　学生のみなさん、おつかれさまでした。ありがとうございます。

山内トヤ　去年、今年と学生さん、ご苦労さんでした。おかげさまでアワもいっぱいとれまして、これからも続けていきますので、よろしくお願いします。

茂木素子　私も何か学生のような気分で、ただただご飯を食べるのが楽しみで参加しました。学生さん、卒業と就職された方おめでとうございます。岩泉で過ごされた日々をずっと心にやきつけていくと思うので、七滝祭りにでも来てください。お疲れさまでした。

佐々木クニ　千昌夫の歌じゃないけど、別れるのはつらいです。体に気をつけてがんばってください。

畠山セツ　それぞれ就職しても、この山を忘れないで、思い出してがんばってください。

山内キヨエ　しゃべりたいどもしゃべれない。卒業してもがんばってください。

遠藤由紀子　私も学生の立場ではないですが、ただ参加するだけだったのですけれど、体験を糧としてこれから頑張っていってください。また、ぜひ岩泉にいらしてください。

佐々木真知子　去年、今年と、私もできるかぎりこの雑穀栽培体験に本当に参加させていただきました。卒業される方、進学される方あるようですけれども私も感動をいただきました。また、いつかどこかでお会いできればいいなと思っています。頑張ってください。

杉山淳子　私も大広には住んでいないのですが、岩泉の方から学生さん方がきてくれるお陰で私もこういう機会を与えてもらって本当に、先生方、学生さん方には感謝感謝です。こういう機会は、岩泉の町の中に住んでても、郷土料理はそうそう食べられるものではないですし、経験することもできない。やっぱり、その土地土地に細かく入っていって体験できる部分は茂木さんが言うとおりにすごくいい企画で、一緒に参加させてもらいました。本当にありがとうございました。

関口サキヨ　就職しても休みがあるんだから、またおいで。学生さんが来なくなると寂しくなるなぁ〜。

水バッタの復活

岩手県岩泉町　畠山直人

雑穀の生産者から「岩大の学生さん達も来てくれるし、五〇年前は大広地区の各家々には水バッタがあって雑穀を搗いていたんだから、水バッタがあればいいな」という声が、だれかれというわけでなくわき上がりました。水バッタがあれば、雑穀の栽培から精白まで、昔ながらの手作業で完結できますので、地区の活性化にも役立ちますし、「今、作らないと水バッタを作れる人がいなくなる」という危機感もあり、復元に取り組むために、「岩泉町の地域づくり支援事業」に申請して認めてもらいました。

水バッタを復活させた畠山信夫さん

　今となっては水バッタを作った経験者は居りませんし、水バッタは図面を引いて作っていたわけでなく、経験と勘で作っていたために資料は残っていません。そこで、昔ミニバッタを作った経験のある畠山信夫さんにお願いしてみました。まさに手探りで始めました。バッタ小屋担当は、大工をやっていた関口秀雄さんを親方にして、休日には近くの山に入って、松や栗、杉を切り出し、ユンボで運び出しました。六月には水バッタ小屋の屋根に使う杉の皮むきを始めました。バッタ小屋の屋根は杉皮を三重にして貼り合わせたために雨もりはしません。小屋の土台は硬くて腐れにくい栗材を使いました。昔から赤松は水に浸かっていると腐りにくいといわれており、五〇年前にあった水バッタも赤松でしたので、水を受ける本体は赤松にしました。

　バッタと水のバランスによって、搗き方の強弱が微妙に変化するので、支点の

完成した水バッタ

位置の調整に予想以上に苦労しました。水を受ける船形の大きさは搗く力と関係するので、大きさを決めるのにも一苦労しました。悪戦苦闘の末に、村の人たちの知恵と技の結集により、十一月下旬に完成を見ました。早速、ヒエを入れて搗いてみましたが、上々の摺り上がりで味も格別でした。ヒエやアワ、キビで搗き方や調整が微妙に違うことも経験し、先輩の知恵と技に改めて敬意を表わした次第です。

十一月二七日のフォーラムにあわせて、水バッタ復活に協力いただいた方に集まってもらい、製作上の苦労話や工夫をお聞きしました。大広地区の雑穀はすべて手作業で大量生産はできませんが、そこに価値があると信じて、本物の味を地域の人たちの想いと一緒に、多くの人に届けられたらいいなあと思っております。

3 社会人になって思うこと
―卒業生たちからの手紙

■岩泉での農作業体験が生きています

（齋藤雅憲）

私は大学在学中に、岩泉で雑穀栽培の手伝いをさせていただきました。手伝いに行ったはずが、あまり作業をしていないのに、地元の食材を使ったおいしいお昼ご飯をご馳走になっていましたが…。

雑穀栽培を通じて手作業と機械作業を比較して、作業のどこに問題があるのかを見極める訓練ができたと感じています。このことは、社会人になって農業機械の開発業務（設計、試験）を進めるなかで非常に重要な要素だと実感しました。なぜなら、農家の皆様の意見（どこに問題があり、何を望んでいるのか）、生産現場の状況を把握して機械開発は行なわれるからです。これらのことを就職前に習得できたことは、私にとってとても幸運であったと思います。また、農家の皆さんが機械を使って喜ぶ姿を想像しながら、開発業務を行なうことができて、とても充実していました。

岩泉の皆さんには、貴重な経験をさせていただいて、とても感謝しています。ありがとうございました。

■岩泉のおばあちゃんたちに感謝を込めて

（杵渕萌里）

私は現在、北海道のばれいしょ農場で働いており、植付けから収穫まですべて大型農業機械を使った栽培管理を行なっている。傾斜の多い土地で身一つで作業を行なう岩泉の雑穀栽培とは対照的である。雑穀栽培体験は、当時農家になることも思い描いていた学生の私（非農家出身）に、職業として今後どのように農業に携わっていくか、現実的な手段を考えさせるきっかけの一つとなった。結局、農家の世界に一人で飛び込むという思い切ったことはできなかったが、私は今でも岩泉のお母さん方に憧れに似た思いを抱いている。「女性が明るく元気な村は、いい村だ」。以前、地域振興に関わる方からそんな話を聞いたことがある。その時に思い浮かんだのがまさしく、岩泉で私たちをいつも温かく迎え入れてくれたお母さん方の笑い顔であった。私が三〇年後に目指しているのは、岩泉のお母さん方のような温かさとたくましさ、辛抱強さ。男社会の中でも明るく朗らかに、職場の活性剤となれるよう邁進していきたい。

■農作業体験を農業機械開発に活かす

（嶌田幸）

私は大学四年生の時、岩手県岩泉町にお住いの雑穀栽培を営むおばあさんの所で、何度か農業体験をさせていただいた。それまでは雑穀栽培の様子を見たことはおろか、雑穀自体食べたこともなかったので、とても貴重な経験となった。

おばあさんは、一人で急斜面の畑に雑穀を栽培し、管理されていた。私も実際に除草作業や耕作を手伝わせていただいたが、急斜面での作業は思った以上に足腰に負担がかかった。

卒業後に勤めた農業機械メーカーでは背負式防除機の設計を担当したが、この経験を活かし、常に次のことを意識しながら業務にあたった。①製品が平地だけでなく、急斜面でも使われる可能性が十分にあること（＝機体バランスの重要性）、②使用者の年齢層が拡大し高齢化が進んでいること（＝ユニバーサルデザインの重要性）、③燃費の良いエンジンと散布効率の良いポンプを搭載することで作業効率を上げること（＝省力化による身体への負担軽減）。

どれも農業機械設計には欠かせない基本的な事項

であり、私はこれらのことを岩泉での実地体験から習得し、業務に活かすことができた。非常に貴重な体験だった。岩泉のおばあさんにはとても感謝している。

宮澤賢治も通った盛岡高等農林学校本館（現　農業教育資料館）**と賢治像**
（卒業生　斉藤未和子）

雑穀の普及啓発

一般社団法人　日本雑穀協会

雑穀は古来、日本人の健康を支えてきた主食の原点であるが、戦後の社会環境の変化は、食への価値観や食習慣を変え、国内の雑穀生産は衰退の一途をたどった。しかし、近年の健康志向と共に改めて雑穀のすばらしさが見直されつつある。そのようななかで、日本雑穀協会は、雑穀の普及啓発活動を通じての食文化の育成、食料自給率の向上や日本農業の発展に寄与することなどを目的として、雑穀の生産・加工・流通関係者や研究者らによって、二〇〇四年十月に設立された。雑穀に関する研究や産地と企業との連携支援、雑穀に関する料理、加工品の開発、資格制度の運営などに取り組んでいる。

◆雑穀のスペシャリスト育成

雑穀の魅力を伝えるスペシャリストを育成する目的でスタートした「雑穀エキスパート講座」をはじめとした資格講座は、これまでに約二五〇〇名の認定者を輩出している。

資格認定者の活動支援にも取り組み、企業とのコラボレーション企画による雑穀の普及も積極的に推進している。そのひとつが、岩手県オリジナル品種の「平もちひえ」をメインにしたブレンド雑穀開発企画である。全国の資格認定者から寄せられた開発提案書を選定し、優秀な三作品を実際に商品化して発売した。その企画は食料自給率向上に貢献する優れた取組みとして、フード・アクション・ニッポン アワード2012の商品部門で優秀賞を受賞している。

◆健全な雑穀市場

健全な雑穀市場を大切に育てていくために、様々な活動に取り組んでいる。そのひとつが二〇一一年に立ち上げた、雑穀を使用した優れた食品を表彰する制度「日本雑穀アワード」である。

最初に出会った味が雑穀のイメージそのものに影響を与えることが多い。雑穀を使用した加工食品は数多く発売されているが、そのなかでも優れた食品を表彰し、広く公表することで、雑穀と消費者との美味しい出会いを実現するひとつの選択基準になればと願っている。

◆三月九日を「雑穀の日」に

そのほか、三月九日を「雑穀の日」として定めた。その日付は、三・九（ざっ・こく）の語呂合わせに由来しているが、それだけではない。主要な雑穀の播種前の時季であり、また春の新商品や新メニューにより多くの雑穀を取り入れていただきたいと願いをこめた。三月九日「雑穀の日」―雑穀のすばらしさを伝えていく記念日として、様々な企画やイベント通じて広くPRを行なうことにしている。

（事務局長　中西学）

〒103-0026　東京都中央区日本橋兜町15番6号　製粉会館6階　一般社団法人 日本雑穀協会
TEL：03-6661-7340　FAX：03-6661-7350　URL：http://www.zakkoku.jp/

雑穀の精白・製粉の相談先

● 三協鉄工有限会社
〒099-0127　北海道紋別郡遠軽町上白滝 65
電話 0158-48-2610
キビ，大麦

● 中野精米所
〒028-8201　岩手県九戸郡野田村大字野田 28-5-1
電話 0194-78-2110　FAX 0194-78-2163
雑穀全般

● 小倉商店
〒028-5401　岩手県葛巻町田部字下冬部 27
電話 0195-66-1304　FAX 0195-66-1305
雑穀全般

● 西和賀産業公社製粉工場
〒029-5501　岩手県和賀郡西和賀町左草 2-64
電話 0197-82-2423
精白粒を持ち込んでもらって，製粉のみを行なう

● 武田米穀店
〒028-4301　岩手県岩手町沼宮内 11-19-19
電話 0195-62-2670　FAX 0195-62-1009
雑穀全般

● 松勘商店
〒021-0041　岩手県一関市赤萩雲南 172-2
電話 0191-25-5300　FAX 0191-25-4301
雑穀全般　精白，製粉（100kg 以上）

● 野のもの
〒396-0401　長野県伊那市長谷非持 1400
電話 0265-98-2960
キビ，アワ，タカキビ，アマランサス，シコクビエ

● 株式会社イトウ精麦
〒388-8007　長野県長野市篠ノ井布施高田 734
電話 026-292-1355
雑穀全般

● 横関食糧工業株式会社
〒770-0873　徳島県徳島市沖洲 2 丁目 26 番 15
電話 088-664-6100
キビ，タカキビ

● ベストアメニティ株式会社
〒830-0102　福岡県久留米市三潴町田川 32-3
電話 0942-64-5572
キビ，アワ，ヒエ，ハト麦，黒米，赤米，緑米，豆類（ひき割り）

● 大分ろのわ
〒869-1202　熊本県菊池市旭志麓 484
電話／FAX 0968-37-3932
E-mail：higashi@lonowa.com
雑穀全般

● 株式会社森光商店　中九州事業所
〒861-1113　熊本県合志市栄 3766-35
電話 096-348-3575
キビ，アワ，ヒエ，タカキビ，アマランサス，キノア

＊精白・製粉依頼に際しては，必ず事前に連絡を入れるようにお願いします。値段については，依頼する量や雑穀の状態などによっても変わりますので，ご了承ください。

【参考文献】

平野真（2008）地域発「価値創造」企業．丸善出版事業部，東京．263.

増田昭子（1994）粟と稗の食文化．三弥井書店，東京．240.

宮原萬芳・秋元勇（1984）東北農業試験場保存穀菽類の品種目録と特性．東北農試研資 4：1, 92.

名久井文明・名久井芳枝（2008） 地域の記録―岩手県葛巻町小田周辺の生活史．物質文化研究所．一芦舍．岩手県滝沢村．207.

農文協（1997）日本農書全集 第 2 巻．農文協，東京．359.

農文協（2011）農家が教える 雑穀・ソバ．農文協，東京．191.

小原哲二郎（1936）穇（稗）の榮養價に就て．日本農藝化學會誌 12：1049-1058.

小原哲二郎（1937）精白穇（稗）の蛋白質に就て．穇種實の化學的研究第一報．日本農藝化學會誌 13：6-11.

小原哲二郎（1938）穇の研究．日作紀 9：471-518

及川一也（2003）新特産シリーズ 雑穀．農文協，東京．284.

阪本寧夫編（1991）インド亜大陸の雑穀農牧文化．学会出版，東京．343.

鷹觜テル（1950）岩手縣に於ける農村の榮養學的研究．岩手大学学芸部研究年報 2 巻：55-118.

山下裕作（2008）実践の民俗学．農文協，東京．318.

69，205.
木俣美喜男・木村幸子・河口徳明・柴田一（1986）北海道沙流川流域における雑穀の栽培と調理．季刊人類学 17：22-53.
木内亮輔ら（2010）前出 2 章.
熊谷成子ら（2009b）．前出 2 章.
熊谷成子ら（2011）前出 2 章.
菊地淑子・大里達朗・藤原敏・石山伸悦（2001）ヒエ「軽米在来（白）」・アワ「虎の尾」「大槌 10」・キビ「田老系」「釜石 16」の特性．岩手農研究セ要報 2：45-52.
増田昭子（2001）前出 1 章.
西政佳・上所茉莉・熊谷成子・佐川了・武田純一・星野次汪（2007）田植機を利用したヒエの畑圃場への移植栽培，日作東北支部報．No.50：137-138.
長野県農政部農業技術課（2010）主要穀類等指導指針．301-311.
宍戸貴洋・長谷川聡・中西商量（2002）子実用ヒエの水田移植栽培　第 1 報　ヒエ「達磨」の水田移植栽培とその課題．東北農業研究 55：95-96.
武田純一・上所茉莉・西政佳・佐川了・星野次汪（2007）バインダによる長稈雑穀の収穫について．農業機械学会東北支部報．No.54：27-30.

【第 4 章】

賀納章雄（2007）南の島の畑作文化　南島叢書 87．海風社，大阪．281.
岐阜県農政部（2011）飛騨を守ろう雑穀復活大作戦．33.
岩手大学農学部ＦＳＣ他（岩手大学農学部附属寒冷フィールドサイエンス教育研究センター滝沢農場／農林環境科学科リサイクル生物生産工学講座生物機械工学研究室／スローフード岩手（2004，2005，2006）フォーラム）'04「岩泉町の雑穀栽培技術と地域の食文化」.
'05 雑穀を通して岩泉町の伝統の技と知恵に学ぶ.'06 雑穀から見える大川のおいしい暮し
菊地淑子（2003）前出 2 章.
久慈・山根六郷研究会（2001）山根風土記．山根六郷研究会編集，244.
庄村敏（2004）茶産地と雑穀―小規模栽培者の脱穀方法をめぐって―雑穀研究 19：15-16.
庄村敏（2008）前出 1 章.

Bot.,19：277-323.
藪野友三郎（1996）第１章ヒエ属植物の分類と系譜．藪野監修．ヒエの博物学．ダウ・ケミカル日本株式会社，東京．16-28.
山本隆一・堀末登・池田良一（1995）イネ育種マニュアル．農業研究センター研究資料 30：3-8.
山口裕文・大江真道（1996）第２章イネ科植物とヒエ属植物の基本形態と学名．ヒエの博物学．ダウ・ケミカル日本株式会社，東京．30-44.

【第３章】

千葉武勝・大友令史・菊地淑子（1999）雑穀類（アワ・ヒエ・キビ）に発生する害虫の種類．北日本病虫研報 50：147-148.
岐阜県農政部（2011）飛騨を守ろう雑穀復活大作戦．33.
長谷川聡・宍戸貴洋・中西商量（2002）子実用ひえの水田移植栽培法―第２報　育苗法の検討―，東北農業研究 55，97-98.
畠山剛（1997）縄文人の末裔たち．彩流社，東京．333.
星野次汪・鎌田拓也・武田純一・村田旭・佐川了（2007）ヒエの伝統的播種法"ボッタ播"と化学肥料施肥による栽培法によるヒエの生育と収量の比較．雑穀研究 22：5-8.
岩手県農業改良普及会（2007）いわての恵み．岩手県農業改良普及会，熊谷印刷．盛岡．60-64.
岩手県農業研究センター平成 13 年度岩手県農業研究センター試験研究成果書，ひえの無農薬水田移植栽培技術（岩手県農研セ H 13 と略記）.
岩手県農研セ．H 18 岩キビの適正播種量及び作期.
岩手県農研セ．H 19 アワノメイガの被害を考慮したアワの適正播種量.
岩手県農研セ．H 20 キビ，アワの機械収穫技術.
岩手県農研セ．H 21 キビ，アワの機械化栽培マニュアルの策定.
岩手県農研セ．H 22 アワおよびキビのヒサゴトビハムシに対する移植栽培の効果.
岩手県農研セ．H 23 a 雑穀品目別主要病害虫の被害様相と発生時期.
岩手県農研セ．H 23 b 雑穀の移植栽培による抑草効果.
岩手県農研セ県北農研（2010）キビ・アワ機械化栽培マニュアル（畑地向け）2010 版.
木俣美喜男・熊谷留美・佐々木典子・竹井富士子・中込卓男（1978）雑穀のむら．季刊人類学 9：

北農業研究 56：261-262.
木内亮輔・佐川了・吉田晴香・高草木雅人・星野次汪（2010）栽培ヒエの農業形質および成分・品質の系統間変異とその相互関係．育種学研究 12：132-139.
木内亮輔，西政佳，佐川了，高階史章，佐藤孝，金田吉弘，星野次汪（2012）異なる土壌で栽培した栽培ヒエの玄ヒエ無機成分含量．日作東北支部報 55：47-48.
熊谷成子・守岡貴・谷口義則・佐川了・星野次汪（2008a）キビの搗精歩合と品質．雑穀研究 23：9-13.
熊谷成子・守岡貴・谷口義則・佐川了・星野次汪（2008 b）アワの搗精歩合と品質．日作東北支部報 51：55-56.
熊谷成子・吉田晴香・阿部陽・谷口義則・佐川了・星野次汪（2009 a）ヒエの搗精歩合と品質．日作東北支部報 52：59-60.
熊谷成子・吉田晴香・阿部陽・佐川了・星野次汪（2009 b）ヒエの農業特性および澱粉特性からみた収穫適期．日作東北支部報 52：61-62.
熊谷成子・吉田晴香・佐川了・星野次汪（2010）ヒエ・アワ・キビの食味評価．日作東北支部報 53：35-36.
熊谷成子・吉田晴香・谷口義則・佐川了・星野次汪（2011）アミロース含有率が異なる栽培ヒエの生育・収量および品質に関する品種・系統間差異．日作紀 80：269-276.
町田暢（1963）前出 1 章.
Nakamura T. *et al.*（1995）Production of waxy（Amylose-free）wheats. MGG248：253-259.
農文協（1988）日本の食全集 3　聞き書　岩手の食事．農文協，東京．346.
大野康男・畠山貞雄（1996）岩手県北地方のヒエの精白方法．雑穀研究 8：1-7.
阪本寧男（1988）前出 1 章.
澤村東平（1951）前出 1 章.
佐川了・阿部岳・渡邉学（2011）低アミロース性のヒエ新品種「ゆめさきよ」の異なる栽培下における生育と収量．雑穀研究 26：7-10.
柴田真希（2013）前出 1 章.
高瀬克範（2009）縄文時代のイネ科雑穀利用．雑穀研究 24：1-7.
ゆみこ（2010）前出 1 章.
Watanabe M.（1999）前出 1 章.
Yabuno T.（1966）BIOSYSTEMATIC STUDY OF THE GENUS ECHINOCHLOA. Jap. J.

日本特産作物種苗協会（2012）雑穀の生産状況特産種苗 13. 日本特産物農作物種苗協会, 東京.
農産業振興奨励会（2003）平成 14 年度新形質質米及び雑穀の生産状況
農産業振興奨励会（2005）平成 17 年産新形質質米及び雑穀の生産状況他
澤村東平（1951）農學体系作物部門. 雑穀編. 第 1 章雑穀の栽培的性質. 養賢堂. 東京. 1-101.
庄村敏（2008）七戸で伝える特殊神饌 戎佛薬師の粟倉様. 雑穀研究 23：30-31.
阪本寧男（1988）雑穀のきた道. 日本放送出版協会, 東京. 214.
阪本寧男（1991）雑穀とは. 雑穀研究 1：1-2.
柴田真希（2013）女子栄養大学の雑穀レシピ. PHP 研究所, 東京. 95.
徳永光俊（2003）第 5 章 江戸にみる雑穀. 木村茂光編, 雑穀畑作 農耕論の地平. 青木書店, 東京. 123-142.
田中文子（2007）岩泉町の雑穀物語 熊谷印刷出版部, 盛岡市. 96.
ゆみこ（2010）つぶつぶ雑穀ミラクルスイーツ. パルコ, 東京.
Watanabe M.（1999）Antioxidative phenolic compounds from Japanese barnyard millet (Echinochloa utilis) grains. J. Agric. Food. Chem. 47：4500-4505.

【第 2 章】

福永健二・河瀬眞琴（2005）モチアワの起源. 遺伝 59：70-75.
Hoshino T. *et al.*（2010）Production of a fully waxy line and analysis of waxy genes in the allohexaploid crop, Japanese barnyard millet. Plant Breeding 129：349-355.
星野次汪・松田英之・佐川了・杵渕萌里（2011）アワ在来系統の農業特性評価. 日作東北支部報 54：59-60.
Ishikawa G. *et al.*（2013）Molecular characterization of spontaneous and induced mutations in the three homoeologous waxy genes of Japanese barnyard millet.
［Echinochloa esculenta（A.Braun）H.Scholz］. Mol.Breeding 31：69-78.
科学技術庁資源調査会（2003）前出 1 章.
鎌田拓也・木内亮輔・小笠原綾奈・佐川了・清水恒・星野次汪（2009）在来栽培ヒエのアミロース含有率および粗タンパク質含有率の系統間変異. 育種学研究 11：23-27.
柏啓子（2006）前出 1 章.
菊地淑子（2003）ヒエ、アワ、キビ、の精白によるミネラル及びポリフェノールの変動. 東

引用文献

【はじめに】

宮崎安貞（1978）日本農書全集　第12巻　農業全書　巻1～巻5. 農文協，東京．182-184.

大牟羅良（1958）ものいわぬ農民．岩波書店，東京．208.

【第1章】

江柄勝雄（2004）ミャンマーにおける雑穀の栽培と利用．雑穀研究19：10-14.

ＦＡＯデータベース http：//faostat.fao.org/site/567/default.aspx#ancor

早川孝太郎（1939）農と稗1939「稗」叢書6月号：25-43.

井上直人・倉内伸幸（2010）雑穀入門．日本食糧新聞社，東京．130.

科学技術庁資源調査会（2003）五訂食品成分表．香川芳子監修．女子栄養大学出版部，東京．28-41.

柏啓子（2006）郷土の恵み　雑穀．熊谷印刷出版部，盛岡市．119.

加藤肇（2002）タンザニアのシコクビエ見聞　雑穀研究16：5-7.

木村茂光(2003)総論　雑穀の思想雑穀7-28. 木村茂光編　雑穀　畑作農耕論の地平. 青木書店. 東京.

倉内伸幸ら（2004）ニジェールにおけるトウジンビエ栽培の現状．雑穀研究20：1-6.

小林裕三（2011）エチオピアの食と農．雑穀研究26：1-6.

町田暢（1963）作物体系　第3編　雑穀類　「アワ･キビ･ヒエ･モロコシ･ソバ．養賢堂，東京．48.

増田昭子（2001）雑穀の社会史．吉川弘文館，東京．322.

増田昭子（2007）雑穀を旅する．吉川弘文館，東京．225.

三浦励一（2001）西アフリカのトウジンビエ栽培と脱粒型トウジンビエ．雑穀研究15：10-13.

宮崎安貞（1978）前出はじめに.

中尾佐助（1993）料理の起源．日本放送出版協会，225.

新村出（1973）広辞苑．893．岩波書店，東京．

日本特産作物農種苗協会（2010）特産種苗No9，1．年産別生産の概要（5）平成21年産．日本特産物農作物種苗協会，東京．

おわりに

農学の立場から、守りながらも攻める雑穀を掲げて、研究や現場展開をしてきた。これまでお世話になった多くの人たちへのささやかなお返しとして、未消化ではあるが、これまで成果をとりまとめ、世に問うこととした。

イネやコムギのような重厚な農学研究の蓄積のある作物とは違い、研究対象となることが少なかったヒエ、アワ、キビについては、イネでは五〇年も前にわかっていることから一つ一つ始めなければならなかった。しかし、そのことは、ヒエやアワが背負ってきた歴史を垣間見ることにもなり、これら作物ならではの人間と生業《なりわい》と地域との関わりを学ぶことができた。

おあばちゃんは、私たちに、上から目線で「教える」ことは一度たりともなかった。それでも、和やかな会話に込められた含蓄のある言葉によって、ひとりでに体も心も動いてしまっていた。体験させもらった六年はその積み重ねであった。黙々と草をむしり、ヒエを刈り、アワを打ち、働く喜びと収穫への感謝。恵みの穀物に、質素ではあるが手間という最高の贅沢を惜しみなく注ぎ、食の究極の楽しみを体験させていただいた。この体験から、「雑穀への想い」を学ぶことができ、また、教育の根幹に触れることができた。

世界初となるモチヒエが育成できたのは、農家の人びとが「このヒエは食べると粘って美味しい」といって、在来の粘る種子を大事に紡いでこられたお陰である。近年、費用対効果から遺伝資源の収集や保存が難しくなっていると聞くが、その重要性を再発見することができた。また、小型農業機械の試作機の実演をしたときに、「値段は四〇万円ですが、市販されたら買いませんか」の問いに、刈り残しを踏みつけながら進む収穫機械を寂しげに見ながら、「死んでまで借金を返さなければなんねえなあ」と語られた言葉が胸に突き刺さった。

本書はここ八年間、学生と実験に取り組み、フィールドワークを実践し、その結果を学会誌や機関誌、冊子などに公表してきた論文を中心に、ほかの人びとの研究成果をお借りしながら、まとめた。原稿を書き進めながら、お世話になったこれらの人たちに恩返しができただろうか。また、ヒエをテーマに研究した学生が巣立って大学生活を振り返ったときに、心に残る言葉の一つも贈れたであろうか。世界で初めてとなるモチ性ヒエ「長十郎もち」を育成したが、安定した買い手が見つかり、地域で、今後定着してくれるのだろうか。モチ性ヒエの育成当初は、多くの企業が関心を示してくれた。しかし、失敗を重ねながらも、「地域のために雑穀でなんとかしたい」という願いを叶えてくれたのは、地元の企業数社だけであった。これらの企業の想いに、まっとうなビジネスとして展開できるだけの恩返しができているだろうか。忸怩たる想いが募る。

本書を書くに当たり、岩手県農業研究センター県北農業研究所の研究成果を活用させていただき、アドバイスをいただいた。また、雑穀研究会の会員、特に、日本大学倉内伸幸博士からは貴重な未発表データや世界の雑穀の写真提供を受けた。さらに、地域で踏ん張っておられる人びとならではの貴重な情報をいただき、数多く引用させていただいた。お礼を申し上げます。

本書で紹介したデータは卒業研究（松田英之、小笠原綾奈、斉藤未知子、村田旭、守岡貴、上所茉莉、合川洋平）、修士研究（清宮靖之、鎌田拓也、木内亮輔）、博士研究（熊谷成子）の成果を基にしている。これらの活動を陰ながら支えてくださった岩手大学滝沢農場の佐川了博士、渡邉学博士、技術職員に感謝を申し上げます。

最後に、なかなか筆の進まないわれわれに対して、長い間にわたり励ましていただきました（社）農山漁村文化協会編集局西森信博氏に心から厚くお礼を申し上げます。

著者略歴

星野　次汪（ほしの　つぐひろ）

1945年　山形県生まれ
1968年　岩手大学農学部卒業
1974年　東北大学大学院農学研究科修了（農学博士）
1974年　農林省入省
中国農業試験場，農業研究センター，東北農業研究センター，国際農林業研究センターで，ソルガム，ムギ育種に従事
2001年　（独）農研機構作物研究所
2003年　岩手大学農学部寒冷フィールドサイエンス教育研究センター
2011年　退職（名誉教授）

武田　純一（たけだ　じゅんいち）

1955年　秋田県生まれ
1977年　岩手大学農学部卒業
1979年　岩手大学大学院農学研究科修了（農学修士）
1980年　岩手大学農学部助手
1995年　博士（農学）（九州大学）
岩手大学農学部助教授
2009年　岩手大学農学部教授
主に農作業の機械化・自動化，農作業安全の教育・研究に従事

進化する雑穀　ヒエ，アワ，キビ
新品種・機械化による多収栽培と加工の新技術

2013年3月25日　第1刷発行

著者　星野　次汪
　　　武田　純一

発行所　社団法人　農山漁村文化協会
住　所　〒107-8668　東京都港区赤坂7丁目6-1
電　話　03（3585）1141（営業）03（3585）1147（編集）
F A X　03（3585）3668　振替　00120-3-144478
U R L　http://www.ruralnet.or.jp/

ISBN978-4-540-12225-5
〈検印廃止〉

Printed in Japan
DTP制作／㈱農文協プロダクション
印刷／㈱新協
製本／根本製本㈱
定価はカバーに表示
乱丁・落丁本はお取り替えいたします。